스물둘,
열정과 패기로 떠난
세계 여행

스물둘, 열정과 패기로 떠난 세계 여행

발행일   2019년 8월 30일

지은이   장현익
펴낸이   손형국
펴낸곳   (주)북랩
편집인   선일영   편집   오경진, 강대건, 최예은, 최승헌, 김경무
디자인   이현수, 김민하, 한수희, 김윤주, 허지혜   제작   박기성, 황동현, 구성우, 장홍석
마케팅   김회란, 박진관, 조하라, 장은별
출판등록 2004. 12. 1(제2012-000051호)
주소   서울시 금천구 가산디지털 1로 168, 우림라이온스밸리 B동 B113, 114호
홈페이지 www.book.co.kr
전화번호 (02)2026-5777   팩스   (02)2026-5747

ISBN   979-11-6299-830-4 03980 (종이책)   979-11-6299-831-1 05980 (전자책)

이 도서의 국립중앙도서관 출판예정도서목록(CIP)은 서지정보유통지원시스템 홈페이지(http://seoji.nl.go.kr)와
국가자료공동목록시스템(http://www.nl.go.kr/kolisnet)에서 이용하실 수 있습니다.
(CIP제어번호: CIP2019032492)

(주)북랩 성공출판의 파트너
북랩 홈페이지와 패밀리 사이트에서 다양한 출판 솔루션을 만나 보세요!

홈페이지 book.co.kr   •   **블로그** blog.naver.com/essaybook   •   **원고모집** book@book.co.kr

6대륙, 65개국, 163개 도시, 그 비하인드 스토리

스물둘, 열정과 패기로 떠난 세계 여행

장현익 지음

여행에 필요한 것은 돈이다 시간이 아니다!

해병대 전역 후 일주일 만에 호주로 떠나
젊음으로 65개국을 여행한 학생 간호사의 이야기

북랩 **book** Lab

차례

두 번째 여행 – 본격적인 세계 일주

경험

도전

만남

위기 및 위험

슬픔

세계 여행을 마무리하며

여 행 이 란 무 엇 일 까

세계 여행을 다녀온 나에게 주변 지인들은 이렇게 말한다.
"현익아. 너무 부럽다.", "나도 세계 일주하고 싶다."

이에 대한 나의 대답은 항상 변함이 없다.
무조건 추천한다고. 제발 다녀오시라고.

그러면 다시 돌아오는 대답은 대부분 "용기가 없어서…"이다.

그 용기가 뭐길래 도대체 대부분의 사람이 시도 자체를 못 하는
걸까. 용기와 함께 항상 언급되는 멘트도 있다.
"돈이 없어서…", "시간이 없어서…"
하지만 내 생각은 조금 다르다.
돈은 시간을 투자해서 벌면 된다고 생각한다. 심지어 요즘에는 최
저 시급도 올랐기 때문에 여행을 떠날 열정이 있다면 참고 버티면서
조금씩 돈을 모으면 비행기 푯값이 만들어질 것이고, 점점 여행 경
비가 쌓일 것이다.

처음부터 여행 경비 전액을 벌어서 여행을 떠난다는 생각보다는 자금 부분에서 조금이라도 여유가 생겼을 때 떠나고 여행 도중에 해외에서 일하며 돈을 벌어도 괜찮을 것이다. 나는 심지어 돈이 없지만, 정보를 전달하며 후원을 받아 여행을 다니는 분도 만난 적이 있기에 돈이 여행에 큰 걸림돌이라고는 생각하지 않는다.

그러면 시간? 시간은 또 만들면 될 것이다.

"다음에.", "기회가 되면 한다."라고? 그럼 그다음에는 어떻게 시간이 만들어지는 것인가?

결국, 이런 말들은 그냥 핑계에 불과하다고 생각한다. 한 번뿐인 인생에서 "다음에."라는 말이 과연 용납될까.

그만큼 여행이 간절하지 않다는 생각이 들 수밖에 없다.

누군가의 여행을 부러워한다는 것 자체만으로도 이미 여행에 관심이 있다는 것인데 굳이 떠나지 않아야 할 이유가 있을까.

더구나 그 시간을 만드는 것이 자신을 위한 투자라면 해 볼 만하지 않을까?

그럼 "시간을 투자해 가면서 여행을 한다."라는 말에서 '여행'이란 무엇일까.

여행의 정의에 대해 한번 생각해 볼 필요가 있다.

힘든 생활에서 벗어나고 싶을 때 떠나는 힐링 여행,

그림이나 음식처럼 자신이 좋아하는 것을 즐기려고 떠나는 태마 여행 등,

정말 다양하고 많은 이유가 있겠지만,

내가 추구했던 여행은 배우는 여행이었다. 돈을 막 쓰며 즐기는

호화로운 여행이 아니다. 사실상 혼자 하는 여행에 가까우며 그 나라의 문화, 향기, 거리의 분위기를 직접 보고 느끼며 견문을 넓히는 것이다. 때로는 그곳의 현지인이 된 것마냥 그 나라에 시장에 들러 살아가는 모습을 보고 향기를 느끼며 이웃 주민들과 안부 인사를 건네며 잠시라도 그곳의 사람이 되어 보는 그런 여행이다.

여행하면서 다양한 사람들을 만나며 느낄 수 있는 새로운 감정 또한 큰 장점으로 꼽을 수 있다. 익숙한 환경을 떠나서 여행자가 되면 돈, 권력, 사회적 지위의 벽 없이 모두가 그곳에서 낯선 여행자로 서로를 만나게 된다.

나는 초, 중, 고, 대학교까지 대부분 나와 비슷한 환경의 사람들만 만나다가 군대에서 다양한 사람들과 허물없이 지내는 경험을 했다. 그러나 여행을 통해서 그것과는 비교할 수 없이 다양하고 폭넓은 사람들과 만나서 배우는 경험을 할 수 있었다. 누구에게나 배울 점이 있었기에 그 속에서 얻는 것은 내 삶의 내공이 되었다.

또한, 그 사람이 지나온 삶의 이야기를 들으며 다양한 사람들의 경험을 간접적으로 체험할 기회까지 얻을 수 있었다.

여행이 아니었다면 전혀 느끼지 못할 그런 감정을 가질 특별한 기회. 상상만으로도 설레고 가슴이 뛰는 것이 아닐까.

마치 장터에서 마감 세일을 하는 상인의 마음으로 나는 '세계 여행'이란 품목을 꼭 팔고 싶은 심정이다.

준비물 챙기기(의류/전자기기/생필품 및 소지품/기타)

의류

의류 준비물

※ 경량 패딩	※ 반바지 2벌
※ 후드티	※ 반팔, 하와이안 셔츠
※ 셔츠 2벌	※ 팬티 6벌, 양말 6켤레(부끄러워서 사진에서 뺐어요!)
※ 라운드 티 2벌	※ 슬리퍼, 운동화
※ 류현진, 손흥민 유니폼(대! 한! 민! 국!)	※ 청바지, 면바지

유럽처럼 아름다운 여행지에서 자신 있게 나를 내세울 수 있는 옷은 딱 한 벌만 챙긴 후, 나머지 옷은 진짜 편하고 간단하게만 챙기시면 될 것 같습니다(최대한 부피가 작은 옷으로).

저는 옷이 배낭의 70%를 차지할 만큼 과했다고 생각하는데 옷을 줄인다면 짐을 줄이는 데 일등 공신입니다!

옷을 신경을 안 쓴다는 것은 장기 여행자가 된다는 또 하나의 신호 아닐까요.

전자 기기

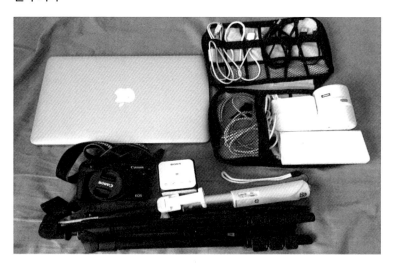

전자 기기 준비물

※ 맥북	※ 삼각대, 셀카봉
※ 미러리스 카메라(캐논 EOS)	※ 보조 배터리(20,000A)
※ 삼각대, 셀카봉	※ 외장 하드(도시바)
※ 블루투스 스피커	※ 각종 충전기 및 충전선

여행 중에 노숙하고 사진을 많이 찍는다면 필수품인 보조 배터리를 반드시 챙겨야 합니다. 무겁지만 필수입니다!

그리고 개인 블로그를 운영한다면 빠질 수 없는 노트북(맥북은 너무 무거워서 경량 노트북을 추천해 드립니다)이 있습니다.

카메라는 생각보다 많이 안 썼어요. 중간에 소매치기당해서 거의 못 쓰긴 했지만, 아이폰으로 찍는 사진이 더 예쁘게 나온다는 느낌을 받아서 어느 순간부터는 카메라는 놔두고 아이폰만 가지고 다니게 되더라고요!

하지만 야경이나 별 사진을 좋아한다면 필수품입니다!

생필품 및 소지품

생필품 및 소지품 준비물

※ 배낭(오스프리 아트모스 65L)	※ 세면도구(폼 클렌징, 로션, 샴푸, 바디워시, 면도기, 스포츠 타월)
※ 슬링백(캉골 에셈블)	※ 손톱깎이, 바늘, 실
※ 침낭	※ 우의, 우산
※ 목베개	※ 지퍼백, 압축 팩, 의류 수납 팩

여기서 가장 추천해 드리고 싶은 것은 목베개입니다!

제가 가장 필요했던 것 중 하나로 꼽고 싶어요. 목베개는 숙박비를 아끼고 교통비를 아낀다면 가장 많이 이용하게 될 야간 버스, 야간 기차에서 부피는 많이 차지하더라도 어디서든 편안하게 잠을 청할 수 있게 도와주는 동반자 같은 역할을 했습니다.

또, 노숙에서 빠질 수 없는 단짝인 침낭을 추천해드리고 싶네요!

기타

기타 준비물

※ 여행 다이어리	※ 시티은행 체크카드, 하나은행 비바 G/비바 2
※ 각종 서류(여권 사본, 카드 사본, 보험 가입서 사본, 예방 접종)	※ 증명사진 20장, 여권사진 20장
※ 여권	※ 보안용품
※ 응급키트, 비상약	※ USB(공인인증서)
※ 국제운전면허증, 국제학생증	※ 여행자 명함

여기서 추천해 드리는 물품은 여행자 명함입니다! 인터넷이나 오프라인에서도 쉽게 만드실 수 있어요.

'여행에서 만난 소중한 인연을 놓치고 싶지 않다'라면 바쁜 와중에라도 헤어지기 전에 명함 하나 건네면 누군가의 기억에 남을 수 있는 그런 물품입니다.

여행 경로 짜기

저마다 여행하는 목적이 다양한 만큼 여행하는 스타일도 참 다양하다. 여유롭게 한 도시에서 분위기를 만끽하며 우아하게 여행하는 사람이 있는 반면에, 정해진 시간 내에 한 곳이라도 더 가 보기 위해서 바쁘게 움직이는 사람들이 있다. 아무리 친한 친구라도 여행 스타일이 맞지 않아서 싸우고 절교하는 경우도 종종 있다고 한다.

이처럼 스타일에 따라서 달라지는 게 여행 경로이며, 어떤 계획을 세우느냐에 따라 그만큼 여행이 바뀔 수도 있다. 내 경우에는 후자에 가까웠다. 단지 최대한 많은 곳에 가 보고 싶었다. 그러나 단순히 많이 가 본다는 것에 의미를 두고 여행한다면 조금 지루할 수도 있기에 조금이라도 의미를 추가해서 내가 좋아하는 나만의 여행 테마를 만들어서 가고 싶었다. 예를 들면 맛집 탐방이라든지, 유적지 탐방이라든지 등이 그것이었다.

그렇게 알아보던 중에 죽기 전에 가 봐야 할 곳을 보여 주는 BBC 뉴스의 기사를 접하게 되었다. 나는 그렇게 나의 여행 테마를 '죽기 전에 가 봐야 할 곳을 살아있을 때 가 보자라고 설정하게 되었다. 처음에는 욕심부터 앞섰다. 지도를 펼쳐서 지구 한 바퀴를 둘러보면서 가 보고 싶은 나라의 수를 세 보았다. 50개국? 60개국? 이 많은 나라를 가 볼 생각에 벌써부터 가슴이 뛰고 설레발을 치게 되었으며 벌써 다녀온 것마냥 어깨가 우쭐해졌다.

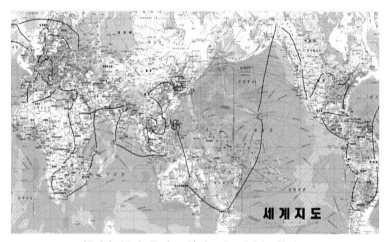

'무작정 이동경로를 짜 보자!' 하고 만든 세계일주 첫 작품

그리고 그 테마를 살려 남다르게 인증할 방법을 모색했다. 보통 여행을 할 때 남기는 것 중에 인증 사진이 있다. 여행자들은 저마다 특징적인 인증 사진을 만들곤 하는데, 나는 내가 방문하는 나라마다 그 나라의 랜드마크 앞에서 숫자 사진을 들고 찍기로 했다.

첫 번째 인증 사진 - 호주 오페라하우스

여덟 번째 인증 사진 - 페루 마추픽추

스물둘, 열정과 패기로 떠난 세계 여행

세 번째 인증 사진 – 미국 자유의 여신상　　　　　　　열두 번째 인증 사진 – 브라질 예수상

열네 번째 인증 사진 - 러시아 성 바실리 성당

열일곱 번째 인증 사진 - 노르웨이 송네피오르

스물둘, 열정과 패기로 떠난 세계 여행

스물세 번째 인증 사진 – 프랑스 에펠탑

서른아홉 번째 인증 사진 – 터키 카파도키아

마흔 번째 인증 사진 – 이집트 피라미드

마흔아홉 번째 인증 사진 – 마다가스카르 바오바브나무 거리

쉰 번째 인증 사진 – 인도 타지마할

예순 번째 인증 사진 – 대만 스펀

누군가는 내게 묻는다.

그렇게 짧게 보면서 남는 게 있느냐고. 보여 주기식 아니냐고.

나는 답한다.

그게 나의 여행 스타일이라고.

많은 곳을 가 보는 게 목표인 만큼 누구보다 빠르게 움직일 것이라고.

하지만 시간을 헛되이 쓰진 않을 것이다.

그 주어진 시간 안에 최대한 많은 곳을 보고 즐길 것이다.

코리안 스타일 월드 투어. '누구보다 빠르게!'

죽기 전에 가 봐야 할 곳 50[*]

※ 1. The Grand Canyon-미국	※ 26. Iguassu Falls-브라질
※ 2. Great Barrier Reef-호주	※ 27. Paris-프랑스
※ 3. Florida(디즈니 월드)-미국	※ 28. Alaska-미국
※ 4. South Island-뉴질랜드	※ 29. Angkor Wat-캄보디아
※ 5. Cape Town-남아프리카 공화국	※ 30. Himalayas-네팔
※ 6. Golden Temple-인도	※ 31. Rio de Janeiro-브라질
※ 7. Las Vegas-미국	※ 32. Masai Mara-케냐
※ 8. Sydney-호주	※ 33. Galapagos Islands-에콰도르
※ 9. New York-미국	※ 34. Luxor-이집트
※ 10. Taj Mahal-인도	※ 35. Rome-이탈리아
※ 11. Canadian Rockies-캐나다	※ 36. San Francisco-미국
※ 12. Uluru-호주	※ 37. Barcelona-스페인
※ 13. Chichen Itza-멕시코	※ 38. Dubai-아랍 에미리트
※ 14. Machu Picchu-페루	※ 39. Singapore-싱가포르
※ 15. Niagara Falls-미국 또는 캐나다	※ 40. La Digue-세이셸 공화국
※ 16. Petra-요르단	※ 41. Sri Lanka-스리랑카
※ 17. The Pyramids-이집트	※ 42. Bangkok-태국
※ 18. Venice-이탈리아	※ 43. Barbados-바베이도스 공화국
※ 19. Maldives-몰디브 공화국	※ 44. Iceland-아이슬란드
※ 20. Great Wall of China-중국	※ 45. Terracotta Army-중국
※ 21. Victoria Falls-짐바브웨	※ 46. Zermatt-스위스
※ 22. Hong Kong	※ 47. Angel Falls-베네수엘라
※ 23. Yosemite National Park-미국	※ 48. Abu Simbel-이집트
※ 24. Hawaii-미국	※ 49. Bali-인도네시아
※ 25. Auckland-뉴질랜드	※ 50. French Polynesia

[*] 출처: BBC 방송국.

첫 번째 여행

호주
워킹홀리데이

1번째 감정

– 출발, 1년 6개월의 시작점

엄마. 내가 이 세상에서 마지막으로 한 마디만 할 수 있다면
나는 떳떳하게 이 말을 할 것 같아.
"엄마 아들로 태어난 게 나에겐 가장 큰 행운이었어.
나는 행복한 사람이었어."

모든 여행을 통틀어서, 지금이 시작이었다. 겉으로는 주변 지인들한테 "후딱 다녀오겠다."라며 강한 척을 했지만, 솔직히 기쁨보다는 두려움이 컸다. 전역 후 10일도 지나지 않아서 떠나는 여행은 모두가 너무 빠르다고 했지만, 결국 내 선택의 결과였다. 물론 한국에 좀 더 머물다가 떠나면 친구들과 가족들을 보면서 좋은 시간, 재밌는 시간을 보냈겠지만, 군대에서 그토록 기다린 여행인 만큼 큰 낭비 없이 바로 출발했다.

김해 공항 앞에서 가족과 이별의 시간을 가졌다. 약 1년 6개월 동안의 여행 계획이었다. 21개월 동안 가는 군대는 잠깐씩이나마 휴가를 받을 수 있지만 여행하는 동안에는 한국에 돌아올 계획이 없으니 진짜 오랜 이별인 것이다. 사실 여행의 간절함이 더 컸기 때문에 당분간 부모님을 보지 못한다는 슬픔보다는 빨리 여행을 떠나고 싶은 기대감에 슬픔을 뒤로하고 공항까지 마중을 나와 주신 부모님과 작별 인사를 나눈 후 주차장으로 가는 가족들에게 웃으면서 계속 손을 흔들었다. 하지만 멀어질수록, 부모님이 내 시야에서 작아질수록 반대로 나의 공허한 기분은 커져만 갔다. 그 순간, 거짓말처럼 눈물이 주룩 흘렀다. 생각보다 행동이 앞섰다. 드라마 속 한 장면처럼 도로의 차가 오든지, 말든지 신경도 쓰지 않고 무작정 부모님께 달려가 안겼다.

'이렇게 약한 모습 보이기 싫었는데. 웃으며 잘 다녀오겠다고 다짐했던 나였는데'

그 무엇보다 따뜻했던 엄마 품에 안겨 세상 서럽게 울었다. 엄마도 같이 울었다. 정말 씩씩한 모습으로 다녀오려고 했는데 부모님의 걱정스러운 얼굴을 보며 겉으로만 강한 척하려 했던 나 자신이 이기적이고 유치하게 느껴졌다. 부모님의 갓난아기로서 솔직함을 더 표현하고 싶었던 게 아닐까.

부모님께 감사하는 마음을 담아서
선물한 시계와 함께, 찰칵

부모님과 함께했던 시절이 문득 한순간 머릿속을 스쳐 갔다. 그러고서도 혼자 주차장 뒤편으로 가서 10분간 눈물 콧물을 다 쏟아냈다. 군대 갈 때도 이렇게 안 울었는데, 참….

2번째 감정
– 호주, 데미페어 시작

당연한 것에도
감사할 줄 아는 그런 용기.

여행을 시작하기에 앞서, 나에겐 돈이 우선이었지만 영어 공부 또한 놓치고 싶지 않았다. 그래서 여행 시작 후 3개월은 돈보다는 영어 공부에 집중하기로 마음먹었고 '데미페어'라는 좋은 프로그램에 대해 알게 되었다.

데미페어란 호주 가정집에 홈스테이처럼 머물면서 숙식을 제공받는 대신에 주 15~20시간 동안 그 집의 아이를 돌봐 주는 프로그램이다.

사실, 좋게 말하면 문화 교류, 안 좋게 말하면 가정부 느낌이라고 설명할 수 있으며 매칭되는 가정에 따라서 후기도 천차만별로 다양했다.

다행히 나는 화목한 가정과 매칭되어 가족 같은 분위기를 느끼며 감사히 생활할 수 있었다. 가족들이 나를 가정의 일원으로 생각해 줬고 나 또한 그 분들을 '엄마', '아빠'라고 부르며 제2의 아들로 거듭났다.

조금 웃겼던 것은 이 가정의 아이가 무려 15살이었기 때문에 아이를 돌보는 일보다 집안일을 도와주는 게 주된 목적이 되어서 생각보다 많은 자유 시간을 가질 수 있었다는 점이다. 그 속에서 나의 영어 실력은 나날이 발전했다. 지금 와서 내 영어 실력을 돌이켜보면

가족 모임에 함께한 스위트한 와인 한 잔! 치얼스! 엄마, 아빠, 아이 그리고 나까지
2:2로 진행된 서바이벌 총 게임

학원보다는 호주 가정에서 생활하며 영어 실력이 많이 향상되었다고 여겨진다. 호주 가정 아버지가 영어 학원의 선생님이셔서 영어를 공부하는 내 입장을 많이 배려해 주셨다. 일상생활에서도 최대한 문장 형태로 말할 수 있도록 하고, 틀린 표현은 바로잡아 주면서 최대한 바른 영어를 많이 사용할 수 있게 이끌어 주셨다.

또한, 오전에는 영어 학원에 다닐 수 있도록 시간표를 잘 조율해 주셨기에, 학원에서 영어를 배우고 난 뒤 집에 돌아가 그날 배운 영어로 소통하는 응용 학습을 통해 효율적으로 영어 공부를 할 수 있었다.

함께 보낸 12주가 빠르게 지나갔고, 함께했던 정이 쌓인 만큼 가족을 떠날 때는 더욱더 가슴이 아려왔다.

"엄마, 아빠. 나를 아들로 받아 줘서 고마워요."

3번째 감정

– 본격적인 자금 마련(여행이 뭐길래 이렇게까지?)

지금도 이 사진을 보면 심장이 뛰고 내 삶에 강한 동기 부여가 된다.
내 삶의 모든 기간을 통틀어서 단 하나의 인생 사진을 선택하라면
나는 고민 없이 이 사진을 선택할 것이다.

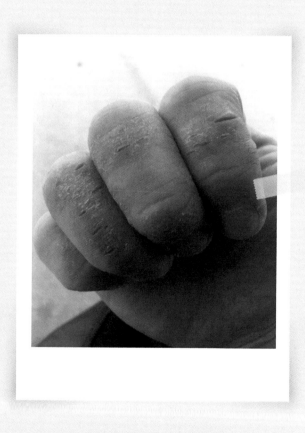

내가 호주에 온 목적, 그것은 단지 돈이었다.

영어 공부나 경험은 부수적인 것이었고 나는 여행을 하기 위한 자금이 필요했다.

세계에서 가장 높은 시급(당시 한화로 약 2만 원, 한국은 5천 원)과 해외여행에 앞서서 해외 생활을 경험해 보기 위해서는 나에게 있어서 호주는 최고의 선택이었다. 단기간에 돈을 많이 벌기 위한 방법은 그만큼 일을 많이 하는 방법

책가방 대신 청소기를 매고다니던 그 시절

밖에 없었기에 잠자는 시간 빼고는 끊임없이 일하기로 마음먹었다.

그렇게 짠 나의 스케줄은 다음과 같았다.

- 새벽 4시~오전 9시: **펍 청소**
- 오전 10시~오후 3시: **스시 가게 1**
- 오후 4시~오후 9시: **스시 가게 2**

쉬는 날도 없는 주 7일 근무에 하루 평균 일하는 시간이 15시간이

었다. 이동 시간까지 포함하면 17시간 동안 고행의 스케줄이었다. 잠자는 시간은 단지 3~4시간뿐이었다.

나는 책가방이 아니라 청소기를 메고 시내를 걸어 다녔다.

주말에는 오히려 청소 시간이 늘어났고 5개월 동안 단 하루의 휴식도 용납되지 않았다.

그렇게 내가 일한 시간은 대략 주당 90~100시간 정도였다.

특히, 새벽에 하는 청소 같은 경우에는 한 달만 버터도 잘했다는 말이 있을 정도로 날마다 새벽 일찍 출근한다는 것이 쉽지 않았다. 하루, 이틀도 아니고 매일 새벽 3시에 기상한다는 것은 사실 하루하루가 고문과도 같았다.

그러다 문득 드는 생각이 있었다.

'여행이 뭐라고 내가 이렇게까지 돈을 벌어야 하지?'

참 바보같이 버텼다. 이유도 모른 채로 그냥 버텼다. 그리고 많이 울었다.

청소할 때 쓰는 약품과 요리, 설거지할 때 쓰는 약품으로 인해 손이 다 갈라져서 아픔에 잠들지도 못하고 뒤척이다가 또 간지러움에 긁다가 자다 깨는 것을 반복했다. 간지러움 때문에 어느 날은 무척 스트레스를 받아 연고 한 통을 온몸에 다 바르고 잠든 적도 있었다.

노동의 강도가 너무 세서 엄지발가락이 튀어나올 정도로 운동화에 구멍이 나자 바늘과 실을 빌려 그 부분을 직접 꿰매 신었다. 꿰매고 다시 터지고, 아마 3번은 반복했던 것 같다.

'왜 이렇게 나는 스스로에게 엄격할까?'

이런 나의 모습에 회의감이 많이 들어서 혼자 이불 속에서 많이 울었다.

하지만 이 고통마저 참을 수 있었던 이유는 그 무엇보다도 피곤함 때문이었다. 피곤함이 뇌를 지배해 고통마저 잊게 하는 이 신기함 속에서 하루하루를 버텼다.

일, 잠, 일, 잠의 반복. 이 순간이 끝일 것 같았지만, 다행인 것은 일하면서도 기억에 남은 에피소드가 많다는 것이다.

새벽에 청소하는데 10분 정도 여유가 생겨서 엎드려 눈을 붙였다가 가위에 눌린 적도 있고 스시 가게에서 회식이 있어서 잠깐이라도 참여하고자 짧은 시간 동안 술을 들이켠 나머지 금방 취해서 집에 가는 길에 졸면서 걸어가다 전봇대에 얼굴을 박고 눈 밑의 피부가 3㎝ 정도 찢어지기도 했다.

정말 여유가 없었다. 10시에 일을 마치고 돌아온 집에서는 같이 셰어를 하는 친구들이 파티를 하자며 내게 술을 건넸지만, 안타깝게도 씻기도 힘든 몸 상태라 웃는 표정을 지은 채로 손만 흔들며 내 방으로 갔다. 그렇게 잠깐 눈만 감았다 뜬 기분으로 일어나서 시간을 보니 4시간이 지났지만, 파티는 한창이었다. 또다시 출근하는 나를 안쓰럽게 보는 우리 식구들을 등지고 돌아 나오는 나의 뒷모습이 그렇게 씁쓸했던 적이 또 없었다.

이렇듯 호주에서의 기억은 슬펐던 기억이 대부분이었지만, 그중에서도 신기하고 좋았던 기억 또한 잊을 수 없는 에피소드로 자리 잡았다.

청소 일과 함께 투잡, 쓰리잡을 한창 구하던 호주 생활 초반에 스시 가게로 면접을 보러 갔는데 청소를 담당했던 매니저분이 스시 가게 사장님으로 계셨다. 면접 보러 왔다며 당당하게 인사를 올리는 나에게 사장님은 얼굴을 보자마자 "합격."이라는 말과 함께 당장 일을 시작하라고 하셨는데, 이 때문에 웃음바다가 되었다.

이런 사소한 감정 하나가 나에게는 큰 기쁨으로 다가왔다. 청소하다가 동전 몇 푼을 주워서 그것을 모아서 초콜릿 하나를 사 먹었던 달콤한 기억. 그 속에서 나는 누구도 경험할 수 없는 소중한 추억을 남겼다.

한국에서 최저 시급이 약 6,000원일 때 호주에서 한 달에 500~600만 원을 벌었으니, 이 시간은 어쩌면 내 인생에서 가장 열심히 살았던 6개월이 아닐까 싶다.

4번째 감정
– 유일하게 웃을 수 있었던 곳

천국과 지옥이 반복되는 일상이었지만 마무리는
늘 천국이었기에 보일 수 있었던 그 미소.
내가 유일하게 웃을 수 있었던 곳.

이 악물고 죽기 살기로 버틴 호주. 내 생활방식은 너무나도 끔찍했다. 일에 찌들어서 사는 평소의 내 모습은 마치 숲속 한가운데에 있는 타잔의 형상을 방불케 했다. 하지만 정말 다행이었던 것은 그 삶 속에서도 유일한 한 줄기 희망이 있었다는 것이다. 그것은 나의 3번째 직장이었던 스시 가게 '스시원'에서의 생활이었다.

이른 새벽인 3시부터 펍 청소를 시작하여 청소가 끝나자마자 달려가 두 번째 일인 스시 가게에서 쉴 새 없이 설거지하고 요리하다 보면 마치는 시간은 오후 3시였다. 그리고 마지막 3번째 직장인 '스시원'으로 향한다. 일하러 가는 곳이지만, 안도의 한숨과 함께 편안한 보금자리로 향하는 기분이 드는 그런 곳이었다. 일이 편해서가 아니라 같이 일하는 사람들과의 궁합과 분위기가 매우 좋아서 보금자리같이 느껴지는 곳이었다.

워킹홀리데이 비자를 받을 수 있는 막바지 노선을 타고 온 도전정신만큼은 본받고 싶은 큰 누님 새미 누나.

치위생사 일을 하다가 국과수에서 일하게 되었는데, 매일 죽음을 마주하다가 삶을 되돌아보고 새로운 경험을 찾아서 이곳에 온 수빈이 누나.

대구에서 미용사로 일하다가 호주도 날아온 대구 남매, 혜린이 누나.

모두 한국에서는 요리와 전혀 관련 없는 직종에서 살다 왔지만,

함께하는 우리는 이미 〈강식당〉을 방불케 하는 드라마 한 편을 찍고 있었다.

그래서인지 우리는 일을 정말 재밌게 했다. 행복한 사람이 만드는 음식은 먹는 사람 또한 행복하게 만들 수 있다고 해야 할까. 우리의 궁합이 너무나 잘 맞아 보였는지 자주 찾아오는 단골이 늘었고, 가게의 매출은 나날이 발전했다.

할 땐 하고, 놀 땐 놀고의 완벽한 표본이었다.

일찍 끝나는 토요일. 가게를 마감하고 먹는 남은 스시는 그렇게 꿀맛일 수 없었다

그곳에서의 하루 일이 끝난 뒤 찾아온 달콤한 휴식 시간은 나의 피로를 잊게 하였고, 가끔 잠자는 시간을 포기하면서까지 함께했던 회식 자리에서의 청량한 목소리는 나의 달콤한 휴식의 맛을 더해주었다.

5번째 감정
– 떠나고 싶은 호주, 트라우마

다른 사람의 말은 수용하되,
생각까지 수용하지는 말자.

호주에서의 워킹홀리데이 생활을 돌이켜보며, 주변 사람들에게 많이 물어봤다.

"호주 워킹홀리데이를 와서 이 삶에 만족하세요?"

대부분의 사람은 "여기에 잘 왔다.", "더 살고 싶다."라고 답하며 심지어 영주권을 얻으려고도 노력했지만, 나는 달랐다. 일에 지쳐 트라우마로 남게 된 호주가 싫었고 하루빨리 떠나고 싶었다. 일을 끝낸 후 아름다운 관광지가 많기로 소문난 호주를 여행하기로 마음을 먹었음에도, 힘들게 일했던 이곳에 대한 기억을 잊기는 너무 힘들었다.

결국, 호주에 왔다면 꼭 가 봐야 한다는 3대 도시인 시드니, 케언즈, 멜버른 중에서 딱 한 곳, 최대 도시라 불리는 시드니에 잠깐 들렀다가 호주를 떠나기로 마음먹었다. 기억이라는 것이 참 잊기가 쉽지 않았다. 일이 끝난 지 며칠 되지 않은 시간 동안에는 청소하는 악몽을 꾸고 새벽에 마치 청소를 하러 가야 할 것 같은 불안감에 잠에서 깨기도 하였다.

이 때문인지 나에게 있어서 첫 번째 여행지였던 호주는 숫자 1번을 시작으로 시드니 오페라하우스에 잠깐 스치듯 머물렀다가 떠난 나라가 되었다.

"아직은 그리움보다 잊고 싶은 하나의 트라우마로 남겨 둘게. 굿

바이, 호주."

호주를 떠나며 슬펐던 기억은 모두 훌훌 털어버리고, 약 7개월간의 세계 일주 시작의 설렘만 가득 안은 채

두 번째 여행

본격적인
세계 일주

경험

경험: 어떤 사건을 직접적으로 관찰하거나 행동에 참가함으로써 얻어진 결과로서의 기술, 지식, 실천 등으로 개인의 삶을 형성하는 의식적인 사실[**]

세계를 누비며 관찰하고 행동한다면 얼마나 값질까.
여행 속에서만 느낄 수 있는 이 경험.

평범한 일상과 다르게 매일 새로운 곳을 보고 느끼며 언제, 어디서 다양한 일을 겪을지도 모른다는 이 두근거림. 힘들거나 혹은 기쁘거나에 상관없이 이 모든 경험이 곧 나를 한 단계 더 성장시켜 주는 경험으로 자리 잡게 될 것이다.

[**] 출처: 교육학용어 사전.

6번째 감정

– 무면허 운전? 돈이면 OK

아쉬워하지 말고 지금, 이 순간을 즐기자.
이 나이, 이 순간. 다시는 경험하지 못할 값진 느낌인 만큼,
후회할 시간이 어디 있나.

보츠와나에서 남아공 요하네스버그로 넘어가는 길. 국경을 넘나드는 고속버스는 새벽 시간 단 1회 운행에 심지어 가격도 비쌌기 때문에 이용하기가 쉽지 않았다. 하지만 더 좋은 방법이 있었는데 그것은 바로 버스 터미널 앞에서 개인이 운영하는 큰 봉고차에 20명이 모두 타면 출발하는 방식의 합승 택시를 이용하는 것이었다.

나를 따뜻하게 보는 눈빛, 그 눈빛이 좋아서 함께 찰칵

외국인에게만 씌우는 바가지를 당하기 싫어서 버스 안의 사람들에게 가격을 물어서 제 가격에 탑승할 수 있었고, 진짜 현지인들만 타는 봉고차였기에 다들 피부색이 다른 나를 보고 신기해했다. 사실 나는 그런 관심이 나쁘진 않았다. 사람들이 짓는 표정은 '얘 뭐야? 피부색도 다른 애가 왜 여기까지 왔대?'라는 인종차별적인 생각이 담긴 표정이 아니었기 때문이다. 그저 신기해서, 반가워서 바라보는 시선들이었다. 그래서 나는 현지인들과 친해질 방법을 궁리했다. 8시간 남짓 동안 가야 하는 거리를 심심하게 보낼 수는 없는 노릇이었다. 그렇게 나는 내 소개를 했고 이것도 추억이라며 다 같이 사진을 한 장 남겼다.

그렇게 아프리카에 오게 된 계기부터 여행하며 겪은 재밌는 에피소드를 알려 주며 2시간이 흘렀다. 때마침 보스니아-남아공 간 국경에 도착했고 나는 출입국 심사를 마치고 버스에 다시 탑승했다.

여기서 갑자기 사건이 발생했다. 운전자가 다급한 표정으로 사람들을 모두 태우고 뒤에는 경찰이 따라오는 데도 불구하고 아랑곳하지 않고 급히 출발하는 것이었다. 하지만 이내 50m도 가지 못해서 잡히고야 말았다. 경찰은 운전자를 끌고 가서 체포했고 우리는 모두 버스에서 내려야 했다. 심각할지도 모르는 상황이었지만 사람들의 표정은 태연했다.

'무슨 상황이야? 우리 못 가는 거 아니야?'

혼자 심각한 표정으로 주변 사람들에게 물어보니 돌아오는 대답은 돈을 좀 내야 할 것 같다는 대답이었다.

경찰에게 돈을 주어 운전자가 풀려나게 하고자 뜨거운 이야기를 나누는 시민들!

'갑자기 돈이라니?'

　사람들의 생각은 경찰에게 돈을 좀 주고 그냥 운전자를 풀려나게 하자는 것이었다. 운전자가 체포된 이유는 그가 범죄자여서도 아니고 절도범이어서도 아니었다. 면허가 없어서였다. 여기서 잠시만. 면허 없는 사람을 구해 봤자 우리는 운전자가 없는 거 아니냐고 물어보니 사람들은 이미 다 알고 있었고 그냥 걸리지 않기를 바랐다고 한다. 시간이 조금 흐른 뒤에 운전자는 돌아왔고 아무 일 없다는 듯이 모두를 태우고 다시 출발했다. 자기가 돈을 좀 주고 잘 해결했다는 말과 함께였다. 그러고 나서 얼마 지나지 않아서 휴게소에 들러서 모두가 아무렇지 않게 햄버거를 맛있게 먹었다. 겁먹고 그냥 한 대 맞은 것 같은 느낌에 멍하니 가만히 있는 내게 아주머니가 다가와서 햄버거를 하나 건넸다.

　그녀는 걱정하지 말라고, 무사히 갈 수 있을 거라고 안심시켜 주었다. 그리고 이곳은 위험한 아프리카임을 재차 강조하며 버스 정류장까지 나를 바래다주었고 내가 무사히 귀국할 수 있게 기도해 주었다.

7번째 감정

– 나에게 하루가 생기다

앞만 보지 말고 뒤도 볼 줄 알아야 한다.
같은 거리를 걷더라도,
갈 때 보는 느낌과 올 때 보는 느낌은 천지 차이다.

정들었던 오세아니아 여행을 마치고 북아메리카로 넘어가는 길.

아쉬운 마음을 가득 안은 채로 오후 11시 59분 비행기에 올랐다. 비행기 안에서 밤을 지새우며 아침에 도착하는 야간 비행 일정으로 약 7시간의 비행 끝에 오전 8시에 하와이 호놀룰루에 도착했다. 전날 미리 숙박을 예약해 놓은 상태라 곧장 공항에서 호스텔로 이동했다. 호주를 떠나 대륙을 이동하는 여행의 시작과도 같았기에 긴장했다. 그런데 숙소에서 체크인을 위해 예약자 명단을 확인했는데 내 이름이 예약자 명단에 없다는 것이다. 분명히 출발 직전에 한 번 더 확인했었는데! 내가 예약한 메일을 보여 주며 여기 있다고 다시 한 번 요청했을 때, 비로소 직원이 내일 날짜로 예약되어 있다고 말해 줬다.

'처음이라서 긴장했나 보구나'라고 생각하며 시계를 확인했는데 날짜는 1월 27일을 가리키고 있었다. '오잉? 휴대폰이 잘못되었나?'라는 생각에 직원한테 오늘 날짜를 다시 물어봤는데 돌아오는 대답은 역시 1월 27일이었다. 분명 내가 뉴질랜드에서 어제였던 '1월 27일'을 보내고 왔는데? 이게 무슨 일인지 정말 황당했다. 사실은 경도에 따라 시간이 달라지는 지리적 특성을 살펴봤을 때 시작 지점과 끝 지점이 교차해서 발생한 현상이었다. 다행히 호스텔에서 하루를 당겨 예약을 변경해 주었고 결국 나에게는 하루라는 시간이 더 생겼다.

기분이 매우 좋았다. 이렇게 값진 24시간을 놓치고 싶지 않았다. 신기한 나머지 당장 친구들한테 전화해서 드라마 〈시그널〉 흉내를 내며…

"치익… 착…. 저는 과거에서 왔어요. 치이… 치익… 미래의 다음 날은 무슨 일이 일어나죠?"

라고 장난을 쳤고, 이것은 나에게 잊을 수 없는 기억 중의 하나로 자리매김하였다.

8번째 감정

– 최장 버스 탑승 시간, 49시간 '버스 투어'

'만남'. 그 신비한,
함께해서 가질 수 있었던 소중한 기억.
함께하지 않았다면 가지지 못했을 그런 행복과 추억들.

라오스 루앙프라방에서 베트남 하노이로 가는 길. 사실 이 코스는 약 21시간이 소요되는 일정으로 버스를 타는 자체만으로도 오랜 시간이 걸리는 장거리 이동이다. 그런데 왜 49시간이나 걸렸냐고?

사건의 전말은 이러했다.

나는 늦은 오후에 버스에 탑승했다. 이동하는 시간만 하더라도 하루를 꼬박 보내야 했기 때문에 버스에 탑승한 후 일단 잠을 청했다. 시간은 흘러 어느새 새벽 2시쯤이었다. 시동 소리가 들리고 차가 움직이는 느낌이 들었는데, 차를 타는 듯한 기분이 아니라 평온한 느낌이 들어서 잠에서 깼다. 일어나서 보니 버스가 정차해 있었다. 내려서 물어보니 산사태로 인해 도로가 막혔다는 것이다.

"심한 산사태는 아니야. 날이 밝으면 갈 수 있다."라는 대답뿐이라 우리는 하염없이 기다리기를 반복했다.

다행히 날이 밝자 버스는 곧 출발했다. 그렇게 잘 가나 싶을 때쯤, 버스가 또 멈춰 섰다. 앞을 바라보니 이번엔 도로가 물에 잠겨 있었다.

보트를 띄워서 물에 잠긴 도로를 건너는 동네 주민들

상황을 보니 차는 물론이고 사람도 지나갈 수 없는 상황이라 보트를 띄워 마치 강을 건너가듯이 그 도로를 건너가야만 했다. 그냥 하염없이 웃었다. 같이 버스를 타고 있던 현지인 그리고 외국 친구들까지 같이 웃었다. 이것을 계기로 나는 이 친구들과 단시간에 급격하게 친해졌고 기다리는 동안 버스 안에 둥글게 모여서 서로를 소개했다.

비 오는 버스 안, 함께 나눠먹어서
더 맛있는 컵라면

호주 친구, 캐나다 친구, 영국 친구, 미국 친구까지. 서로가 가지고 있는 식량을 꺼내 나누어 먹기도 하고 서로의 여행 이야기도 나누었다. 버스 안이 아니라 모닥불을 피워놓고 한자리에 모이는 캠핑에 온 기분이었다.

그렇게 날이 어두워지고 나서도 한참을 서 있던 버스는 드디어 다음 절차에 관해 결정을 내렸다. 갑자기 버스 밑에 있는 수하물을 모두 버스 위로 올리더니 어쩔 수 없이 그 강을 건너야 한다고 했다. 바닥이 물에 잠길 수 있으니 발 조심하라는 안내는 덤이었다. 다행히 큰 피해 없이 강(?)이 아닌 도로를 건널 수 있었고 안도의 한숨을 내쉬며 라오스-베트남 간 국경에 도착했지만, 이른 새벽이라 국경이 닫혀 있었다. 기다림의 연속이었다. 이제는 버스가 이동하는 게 아니라 정차해 있는 게 더 자연스러울 정도였다. 그래도 국경을 통과하고 49시간이 지난 후에는 다행히 루앙프라방에 도착할 수 있었다.

우리는 말했다.
"We have to escape(우리는 여기서 탈출해야 해)."

또, 우리는 이 버스를 이렇게 불렀다.
"We called it not driving but 'bus tour'(이것은 이동이 아니라 '버스 투어'다)."

9번째 감정
– 내 생에 첫 히치하이크

나는 한 번 가 봤던 곳을 다시 가지 않는다.
한 번뿐이라는 아쉬움으로 인해서 더 큰 기억으로 남게 될 테니까.

벌룬 투어로 유명한 카파도키아(괴레메)로 넘어가는 길. 벌룬 투어는 이른 새벽에만 잠깐 운영하기에 도착 시각을 고려하여 전날 밤에 파묵칼레에 있는 버스정류장에 들렀다. 그리고 "괴레메!", "괴레메!"를 외치며 버스의 시설보다는 가격에 맞춰서 상인들과 흥정했다.

여기서 잠깐. 터키 버스는 세계적으로 악명 높기로 유명하다. 소매치기는 물론이며, 일부 야간 버스는 버스 회사와 강도가 미리 계획을 짜서 한밤중에 우연히 강도를 만난 것처럼 버스를 세운 뒤에 승객들의 소지품을 가로채는 경우도 다반사다. 또한, 돈에 얼마나 환장을 했으면 승객들이 어디로 가는지 듣지도 않고 일단 태우고 본다. 가격이 비싼 이름 있는 버스 회사라면 그런 일이 드물겠지만, 가난한 여행자에게는 값싼 버스 선택이 도박일 수밖에 없다.

어쩔 수 없이 싼 가격에 예약하여 마음은 불안했지만, 타기 전부터 버스 자리에 앉기까지 버스 회사 직원에게 연신 "괴레메!"를 외치며 확인을 받고 탑승했다.

새벽 4시, 네브셰히르에 도착했다. 그런데 버스 직원이 나를 깨우더니 여기서 다른 길로 빠진다며 무작정 내리라고 했다. 나는 계속 괴레메로 간다고 따졌지만, 이 버스는 다른 곳으로 가야 하니 알아서 내리든지, 말든지 배 째라는 식으로 나왔다. 참 나.

그때는 나를 도와줄 그 누구도 없었기에 괴레메에 가기 위한 최고의 방법은 버스에서 내리는 방법뿐이었다. 버스 회사에서 택시 기사라도 불러준다는 말에 가격을 물어보니, 한화로 10만 원을 부르는 것이 아닌가. 그냥 걸어가고 말지, 됐다고 하고 문을 박차고 나오며 뒤도 돌아보지 않고 버스에서 내렸다. 괴레메까지는 차도를 이용해야 했고 심지어 그 거리는 10㎞가 넘었다. 깜깜한 밤이라 걸어가는 것조차 위험했고 설령 걸어간다고 해도 벌룬 투어는 다음날을 기약해야 했다. 시간이 부족했던 나에게는 최악의 조건이었다.

도로에는 지나가는 차가 10분에 1대가 올까, 말까 하는 새벽 시간대라 별 방법이 없던 나는 지나가는 차를 하나하나 다 잡아서 부탁했다. 그냥 지나가는 차가 대부분이었지만, 차를 세워서 괴레메까지 가지 않는다고 대답이라도 해 주시는 경우에는 감사할 따름이었다. 그렇게 한 지 1시간 만에 괴레메까지 나를 태워 준다는 차가 내 앞에 섰다. 조금 전에는 괴레메까지 가지 않는다고 했던 차가 사정이 딱한 나를 보고 태워 주러 다시 돌아온 것이었다. 심지어 그 운전자는 나이대도 비슷해서 나를 친구로 받아 주며 가는 동안에 클럽 노래를 틀어 주고 함께 춤을 추었다. 마치 함께 여행을 가는 것 같은 기분에 행복감은 그 이상으로 증폭되었다.

내가 감사를 표현할 방법은 진심 어린 행동과 감사하다는 표현 그리고 내 명함 하나였다.

내가 당장은 보답할 수 없는 상황이지만, 언젠가 그런 상황이 온다면 내가 나서서 도와줄 수 있는 사람이 되길 다짐했다.

이것이 내 생에 첫 히치하이크였다.

10번째 감정

– 세계에서 가장 가난하지만 행복한 나라, 방글라데시

그들의 순수한 미소는
아직까지 내 머릿속에서 잊히지 않는다.
유명한 곳이 아닐지라도 사람들의 따뜻한 인정을 느낄 수 있는 것이
이 나라의 매력이 아닐까 싶다.

2층에서의 심한 흔들림에, '과연 안전할까?'라는 생각
이 들 정도로 불안했던 방글라데시 2층 버스

애초에 내 여행 계획상으로는 방글라데시에 갈 생각은 없었다. 하지만 네팔에서 동남아시아로 넘어가는 길에 비행기 표를 알아보던 도중에 방글라데시를 경유하는 표가 있어서 내 마음을 사로잡았다. 환승했을 때 방글라데시에 머무르는 시간은 반나절뿐이었지만 그 짧은 시간만이라도 그 나라의 문화를 겪어 보고 싶은 마음에 50달러나 주고 비자를 받아서 도심으로 나오게 되었다.

방글라데시는 참 여러 가지 수식어가 많이 붙는 나라이다.

'세계에서 가장 가난한 나라'
'세계에서 가장 행복한 나라'
'세계에서 교통 체증이 가장 심한 나라'

차선 하나 제대로 지키지 않는 이 복잡한 도로는 멈춰 있는 정지 화면과도 같다

방글라데시의 교통 체증은 정말 상상 그 이상이었다. 10㎞ 남짓한 거리를 오토바이를 타고 가는 데 2시간 30분 넘게 소요되었다. 심지어 공항으로 돌아올 때는 시내버스를 이용했는데 버스가 좀처럼 움직일 기미가 보이지 않아 잠깐 내려서 슈퍼를 찾아다니며 10분 정도 산책을 했음에도 불구하고 돌아왔을 때 버스의 위치는 그 자리 그대로였다.

　　내게 주어진 시간이 많지 않았기에 사진 속에서 본 가장 아름다운 곳인 '랄바그 요새'를 나의 방글라데시 여행 장소로 정했다.

　　교통 체증으로 인해 많이 늦어서 오후 6시 1분에 도착했다. 마감 시간과 1분 차이로 늦어서 출입구가 문을 닫았다. 앞에서 관리자에게 막 들여보내 달라고 애원하는 내 모습이 현지인들에게는 재미있어 보였는지 사람들이 내 곁으로 몰려들었다. 여행자가 한 명도 보이지 않는 이곳에서 내가 참 신기하게 여겨졌을 것이다. 아쉽게도 랄바그 요새에 입장하지는 못했지만, 그 수많은 시선에 나의 안타까운 마음은 쉽게 누그러들 수 있었다.

　　그 시선은 따가운 시선이 아닌 포근한 시선이었기에 나쁘지만은 않았다. 마치 연예인이 된 듯 수많은 사진 요청 세례가 들어왔다. 여

들어갈 수 없는 아쉬움에, 철장 앞에서라도 사진 한 컷!

기저기 구경하기 위해서 걸어 다니며 인사를 나누었는데 그들의 순수한 미소는 아직도 내 머릿속에서 잊히지 않는다. 교통 체증이 힘들었던 만큼 더 기억에 남는 곳이었다. 유명한 곳이 아닐지라도 사람들의 따뜻한 인정을 느낄 수 있는 것이 이 나라의 매력이 아닐까 싶다.

11번째 감정
– 인도네시아 발리에서 생긴 일

사진. 사각형 안에 단순히 겉모습만 비춰질진 몰라도,
그 사진 속에 담겨 있는 나만의 생생한 기억들이 되살아나기 때문에
이토록 사진에 집착하는 것이 아닐까.

유명한 드라마 제목 덕분에 모두가 한 번쯤은 들어봤을 발리다.
휴양지 느낌이 훨씬 풍기는 이곳. 내가 발리에 꽂히게 된 이유는
한 SNS의 여행 페이지에서 우연히 봤던 한 장의 사진 때문이었다.

첫눈에 빠져버린 사진. 이 사진으로 인해 누군가 또

다들 여행지를 선택할 때 우연히 어떤 사진에 딱 꽂혀서 그곳을 갈망하게 된 계기가 있을 것이다.

그곳이 어느 나라인지, 어떤 곳인지도 모르지만, 오로지 그 사진 하나에 꽂혀서 무작정 짐을 싸고 싶은 그런 열망 말이다.

더구나 나라별로 하나의 랜드마크에서 인증 사진을 남기려는 계획을 세운 나에게는 인도네시아의 발리, 그중에서도 렘푸양 사원이 최적의 장소였다.

그럼 과연 이 렘푸양 사원은 어떻게 가야 하는 것일까?

발리에서 가장 큰 도시인 우붓에서 가는 것이 제일 빠른 방법이었는데 이마저도 대중교통이 없어서 택시를 반나절 정도 빌려서 가고 싶은 곳 두세 군데를 정해서 가는 방법이 최선이었다. 자그마치 왕복 160㎞ 정도의 거리였다. 심지어 반나절 빌리는 데 드는 택시 비용은 한화로 약 8만 원이었다.

문제는 언제나 돈이다. 그렇기에 빨리 포기하고 차선책으로 오토바이를 이용하기로 했다. 그런데 워낙 오토바이 문화가 발달해 있는 동남아라지만, 아무리 찾아봐도 우붓에서 렘푸양 사원까지 오토바이를 타고 갔다는 소식은 들어보지 못했다. 이번만큼은 내가 선구자가 되어 보자는 정신으로 왕복 약 160㎞, 약 7시간 정도 소요되는 거리에 날름 도전했다. 유명 관광지이기 때문에 줄이 엄청나게 긴 만큼, 일찍 가야 예쁜 배경과 함께 사진을 건질 수 있다는 소식에 새벽 3시에 우붓에서 출발했다. 라이트 하나에 의존해서 최대한 갓길로 붙어서 구글 내비게이션을 켜고 무작정 앞만 보고 달렸다. 해가 뜨는 아름다운 광경도 보고 갑자기 비가 와서 옷이 홀딱 젖어버리는 우여곡절도 겪었지만, 약 3시간 30분 만에 무사히 도착할 수 있었다.

하지만 사진 속의 그 풍경은 어디를 봐도 없었다. 비슷한 형상을 한 사원이 보였지만, 달라도 너무 달랐다. 나중에 알게 된 사진 연출의 비하인드 스토리는 아크릴판을 대고 사진을 찍어 바닥이 강물로 변하는 효과를 주어서 마치 데칼코마니를 연상시키듯이 윗부분의 사원과 내가 강물에 비치는 모습을 보여 주는 것이었다. 한 중국인 관광객이 이런 좋은 아이템을 처음 생각했다고 하는데 인정할 수밖에 없었다. 이 장소를 위해 내가 3시간 반, 즉 왕복 7시간을 달려와야 했나 하는 허무감이 들었지만, 이왕 여기까지 온 이상, 좋은 사진 한 장 남겨 보자는 심경으로 모델이 된 듯 이 포즈, 저 포즈를 취하며 아크릴판 속에 내 몸을 담았다. 만족스러웠다. 단순히 이 사진을 남겨서 기쁘다는 감정이 들기도 했지만, 이 사진을 보며 내가 새벽 3시에 일어나서 약 180㎞의 거리를 달려갔다는 흔적이 묻어 있었기에 더 깊은 감정으로 기억에 남았다.

사진. 사각형 안에 단순히 겉모습만 비춰질진 몰라도,

그 사진 속에 담겨 있는 나만의 생생한 기억들이 되살아나기 때문에 이토록 사진에 집착하는 것이 아닐까.

12번째 감정

– 그 나라의 문화를 느낄 수 있는 진정한 장소

잊혀지지 않는 이 향기.

마치 박하사탕을 먹은 듯한 이 느낌.

내가 생각하는 '여행지'의 느낌은 이렇다.

유명한 곳일수록 그 나라의 진정한 문화를 느끼기보다는 사진 한 번 찍기 힘들 정도로 여행객들에 치여서 발 디딜 여유조차 없는 그런 곳.

그런 여행객들을 상대로 현지인들은 어떻게든 돈을 한 푼이라도 더 벌려고 노력하며 심지어 강제로 팔찌를 채워 풀리지 않게, 돌려주지도 못하는 상황에 놓이게 하여 반강제적으로 돈을 갈취해 가는 경우도 쉽게 볼 수 있었다. 이렇듯 유명한 곳일수록 여행객들에 의해 왜곡된 문화를 많이 느낄 수 있었다.

그래서 최대한 이런 곳을 피해서 그 나라의 문화 속으로 빠져들기 위해서 내가 찾아간 곳은 시장과 공원이었다.

특히 시장은 그 지역, 그 동네만의 구수한 향기를 느낄 수 있었다. 마치 엄마 손을 잡고 집 앞의 재래시장에 가는 느낌이 우러나오는 듯한 동시에 그곳의 진정한 향기까지 맡을 수 있는 곳이었다.

여행에 힘들고 지쳤을 때 아무 생각 없이 시장 속 향기에 빠져 몸이 이끄는 방향으로 무작정 걸으며 동심으로 돌아가 시장에 두부 한 모를 사러 가는 듯한 가벼운 발걸음으로 나 자신을 이끌었다.

그리고 공원은 푸른 하늘 아래에서 소풍을 즐기는 사람들, 강아지와 산책하는 사람들 등 그 지역 사람들의 문화생활을 엿볼 수 있는 곳이었다.

마치 박하사탕을 먹은 듯한 상쾌함이 절로 묻어나오는 그런 푸른 시원함까지 느낄 수 있었다.

유명한 관광지도 좋았지만, 어떤 도시에 간다면 공원과 시장만큼은 꼭 가고 싶었던 마음이 이런 이유에서 그랬던 게 아닐까 싶다.

13번째 감정

− 신혼여행지 1순위, 그리스 산토리니

전망대에 올라가 전경을 바라볼 때
시원하게 불어오는 바람과 함께
탁 트인 시야에서 느끼는 더 큰 시원함.

이곳은 홀로 동떨어진 섬이었기 때문에 그리스 아테네에서 배를 타야 갈 수 있었다. 그나마 다행인 것은 학생에게는 배 가격이 무려 반값이라는 사실이었다. 큰 부담 없는 표 가격이었지만, 산토리니의 너무 비싼 숙박 비용에 '노숙을 하자! 벤치에 멍하니 앉아서 아름다운 경치를 바라본다면 시간이 금방 가지 않을까?'라는 겁 없는 결심을 한 후, 산토리니에 도착하는 밤 11시의 마지막 배편을 구매했다.

지도도 없고 데이터도 터지지 않으며 아무런 정보도 없었던 나는 도착하면 바로 눈 앞에 여행객으로 가득한 풍경이 펼쳐질 줄 알았다. 하지만 배에서 내렸을 때 그 풍경을 찾아가려면 차를 타고 언덕을 넘어가야 한다는 것을 알게 되었다. 역 앞에는 여러 여행사의 픽업 차량이 대기 중이었지만, 그 가격은 거의 뱃삯이랑 맞먹었기 때문에 일찌감치 생각조차 하지 않았다. 다른 교통수단을 찾기 힘든 그곳에서는 부르는 게 값이었기 때문에 비쌀 수밖에 없었다.

그래도 어차피 밤을 새우기로 마음먹은 나는 언덕을 타고 2~3시간은 걸어야 한다는 거리를 향해 자신감 있게 발걸음을 내디뎠다.
모두가 "그건 아닌 것 같다."라고 말했지만, 오히려 그 소리에 오기가 생겨 더 당당하게 발걸음을 내디뎠다. 약 20kg 무게의 배낭을 뒤에 메고 앞에는 약 10kg 정도의 보조 가방을 등에 멘 채로 45도 경사에 육박하는 거리를 걷고 또 걸었다.

사진에서 보던 산토리니의 모습은 도대체 어디 있는지 보이지가 않았다. 땀을 뻘뻘 흘리며 1시간쯤 걸었을까. 개인 차량으로 보이는 차 한 대가 올라오더니 나를 보고 어디 가느냐고 물어봤다. 새벽 2시쯤이었다. 땀을 뻘뻘 흘리는 내 모습이 가엾어 보였는지 나와 가는 방향은 달랐지만, 언덕 위까지는 태워 주겠다며 나를 옆자리로 안내했다. 나는 휑한 사막 한가운데서 오아시스를 발견한 듯한 표정으로 연신 감사 인사를 내뱉은 후 차를 타고 30분이나 더 올라가서야 언덕을 넘을 수 있었다. 나를 응원해 주시는 그분에게 힘을 받고 내가 목표로 한 그 사진 속 배경인 '피라 마을'까지 남은 거리를 체크해 보니 4㎞ 정도였다. 평지였기 때문에 1시간이면 여유롭게 갈 수 있는 거리였다.

아무도 없는 이 조용한 도로에서 언덕을 넘었다는 소소한 행복에 노래를 틀고 혼자 흥에 거워 노래를 몇 곡 따라 부르니 금방 도착할 수 있었다.

새벽 4시. 도심 속의 몇몇 술집 빼고는 조용한 이 동네에서 그렇게 가만히 앉아서 야경을 바라보며 이제껏 내가 지내온 삶을 한번 돌아봤다. 어린 시절부터 고등학생 때, 대학생 때, 군대 시절까지. 내가 호주에서 일하고 돈을 벌어서 이 나라, 이곳에 있다는 게 너무 신기할 따름이었다. 이렇게 잘하고 있는 나 자신이 기특했다. 좋은 곳을 배경으로 하여 맥주 한 잔을 들고 감수성에 빠진 잊을 수 없는 산토리니에서의 밤이었다.

날이 밝자마자 이아 마을로 이동했다.

1등 신혼여행지로 꼽히는 만큼 여기저기서 신혼여행 스냅 사진 촬영이 진행되고 있었고 그 풍경 속에 빠져서 나도 눈을 감고 미래의 나 자신을 상상으로 촬영했다.

맥주 한 잔과 함께 감수성에 빠질 수밖에 없는 산토리니의 밤

10년 뒤, 사랑하는 사람과 함께 이곳에서 결혼사진을 찍을 상상을 하며…

14번째 감정

– 미국 여행의 마지막을 장식한 누드 비치(그 나라의 문화 속으로 1)

있어 보이려는 거짓된 모습 말고,
있는 그대로의 나의 모습을 보여 주려고 노력하자.

불법적인 일이 아니고서야, 우리나라에서는 경험할 수 없는 문화를 여행을 통해서 접할 수 있다면 참 좋은 경험이 될 것이다. 미국에서 남미로 넘어가기 전의 마지막 종착지인 마이애미. 내가 그동안 다녀온 미국의 느낌과 비교하자면 달라도 너무 달랐다. 도시 이름부터가 휴양지 느낌이 물씬 나며 마치 서울 도심을 여행하다가 거제도로 넘어간 느낌이라고 해야 할까. 도심과 다르게 길거리마다 야자수가 열려 있었고 날씨 또한 후덥지근한 섬의 휴양지 느낌이 물씬 풍겼다. 미국에서는 한 달 동안 추운 날씨 속에서 벌벌 떨던 기억이 대부분인데 갑작스럽게 여름 날씨가 되어버려 기분이 참 오묘했다.

날씨가 더워지자 가장 그리웠던 곳은 바다였다. 나는 영화 속의 한 장면으로 쓱 스쳐 가던 이곳이 마이애미라는 것을 알고 나자 주변의 바다부터 찾아 나섰다. 호스텔 직원에게 물어보니

"한국에는 누드 비치 없지? 여기 꼭 가 봐. 좋은 경험이 될 거야."

라는 대답이 돌아왔다. 그가 소개해 준 곳은 세계에서 가장 아름다운 누드 비치라고 소문난 홀오버 비치(Houlover Beach)였다.

가슴이 두근거리고 얼굴이 빨개졌지만 애써 대담한 척하며 능청스럽게 위치를 물었다. 그리고 곧장 바다로 향했다. 입구에 들어서는 순간부터 알록달록한 색이 아니라 온통 살색이 비치는 분위기는 마치 아담과 이브를 연상케 하여 새롭게 태어난 기분이 들었다. 그 순간, 나는 이미 옷을 벗는 중이었다. 불과 몇 초 전만 해도 부끄러

움에 '그냥 옷을 벗지 말고 저 멀리서 앉아만 있다가 올까?'라며 생각했던 나인데 인간은 적응의 동물이라고, 생각보다 행동이 앞선 나 자신이 기특했다. 처음에는 팬티는 입고 반신욕을 즐기다 '에라, 모르겠다!'라며 홀딱 벗어버리고 물 만난 고기처럼 신나게 누드 비치의 곳곳을 누비고 다녔다.

도전

사실, 여행을 떠나는 그 자체만으로도 이미 도전이라고 볼 수 있다.

실패와 성공을 떠나서 도전에 따르는 용기. 나는 그 용기에 박수를

보낸다.

실패했다면 그 경험만으로도 나를 한 단계 발전시키는 계기가 될 것이

고, 성공했다면 그 쾌감은 이루 말할 수 없을 정도로 기쁠 것이다.

15번째 감정
– 나는 세상을 누비며 봉사하는 전천후 간호사가 되고 싶다

사람이 하고 싶은 것만 하면서 살 순 없지만,
하기 싫은 것을 하지 않으면서 살 수 있진 않은가.

혼히 혼자 여행하는 것은 자신을 되돌아볼 좋은 기회라고 말한다. 혼자 묵묵히 자연을 느끼며 걷고 이동하며, 또 지하철을 타서 시원한 바람을 맞을 때 문득 드는 자신만의 생각이 있다.

행복한 상상에 빠져서 혼자 웃고 있을 때도 있지만, 한국에 돌아갔을 때 현실적인 상황과 함께 마주하게 될 나의 직업, 미래에 관한 생각 또한 빠질 수 없이 나를 한 단계 성장시키는 중요한 과정이 된다.

유럽에서 건축학을 전공한 형을 만나서 이야기를 나눈 적이 있다. 유럽에서 이름난 건축물을 바라보면서 나는 단지 그 고대 시대의 미적 가치, 고귀한 작품성을 생각하며 아름다움을 느끼고 있었지만, 그 형은 그 아름다움을 느끼기에 앞서서 이 건물이 어떻게 지어졌고, 어떤 식으로 건축물이 구성되어 있는지에 대해 자꾸만 생각하게 되어 안타깝다고 내게 말했다.
직업병이라고 해야 할까.
아니면 내가 전공하던 간호학 때문일까.
나도 이와 같이 느낀 적이 많았다.

아프리카를 다니면서 마주한 변변한 신발 하나 없는 어린이들. 특히, 보건 위생에 취약한 빈민촌 거리의 아이들을 만나면 보살펴 주고 도와주고 싶은 마음이 너무 굴뚝같았다. 사진을 찍는 카메라를 신기해하는 순수한 아이들의 눈망울을 보며, 나의 뒤를 졸졸 따라다니며 놀고 싶어 하는 아이들의 장난기 가득한 눈빛을 바라보며 가진 것 하나 없는 내가 도와주기 힘든 이 상황이 절망스러웠다.

그렇게 나는 다짐했다. 당장은 아니더라도 전문직으로 지식을 키워나가 간호사 국가 고시를 패스하고 임상에 나가게 되면 아무리 바쁠지언정 그 아이들의 순고한 눈빛을 절대 잊지 않겠다고.

"다시 돌아올게, 꼭."

16번째 감정

– 삶과 죽음의 공존, 갠지스강에 몸을 던지다

강 옆은 화장터로 쉴 새 없이 시신을 강물에 넣고 있었고
심지어 강에 시신이 떠다니며 해골이 보이는 경우도 있다.
그곳에서 죄를 용서받고 새로운 삶을 위해 도전했다.

인도의 모든 신이 죽기 전에 일생을 마무리했다던 갠지스강.

사람들은 갠지스강을 시바 신의 머리에서 내려온 성스러운 강으로 여겨 이곳에서 목욕재계하면 모든 죄를 면할 수 있고, 죽은 뒤에 이 강물에 뼛가루를 흘려보내면 극락에 갈 수 있다고 믿는다.

하지만 선뜻 강물에 뛰어들기엔 위험 부담이 너무 컸다. 강 옆은 화장터로 쉴 새 없이 시신을 강물에 넣고 있었고 심지어 강에 시신이 떠다니는 경우에는 해골이 보이는 경우가 다반사였다. 더구나 그곳에서 빨래하는 경우도 많아 물이 오염될 대로 오염되어 심지어 가이드까지 요도염 등 각종 질병을 유의하라고 주의를 주었다. 그러나 그런 위험 속에서도 그것을 신성하게 여기며 물에 들어가서 목욕을 할 수 있다는 것에 감사해하며 강에 뛰어드는 현지인들의 행복한 표정을 보니 '지금 아니면 할 수 없다는 도전 의식을 가지고 나도 한번 뛰어들자!'라는 오기가 생겼다.

나의 용기를 박수와 환호로 거하게 받아주는 인도 친구들

그렇게 나는 옆에 같이 있던 형들과 누나들에게 설득을 시작했다. "모든 죄를 면하고 새로운 삶을 시작할 좋은 기회다.", "지금 아니면 언제 강에 입수해 보겠느냐." 등. 하지만 구경만 하겠다며 내가 뛰어들면 사진을 찍어 준다는 대답뿐, 함께 입수하겠다는 사람은 없었다. 심지어 어제 입수했다는 석규 형은 몸이 간지럽다며 나를 걱정하는 눈초리로 바라봤지만, 나는 그 형이 입수했다는 자체만으로도 어찌나 멋있어 보이던지, 고민할 새 없이 오늘 저녁에 뛰어들기로 마음먹었다.

그냥 뛰어들면 재미없기에 영상을 기획했다. 짜고 치는 나만의 각본이었지만, 우연히 길을 걸어가다 강물에서 수영하는 현지인들의 권유에 즉흥적으로 뛰어드는 듯한 느낌으로 멋지게 다이빙했다. 물론 딱 여기까지. 그 뒷이야기는 강에 들어가자마자 헐레벌떡 뛰쳐나와 숙소 샤워실을 향해 쥐도 새도 모르게 도망쳤다는 것이다. 온몸을 바디워시로 빡빡 씻어내며 혹여나 질병에 노출될까 봐 씻고 헹궈내기를 반복했다. 겉으로는 아니었지만, 홀가분했던 마음은 잊을 수가 없다. 모든 죄가 씻겨 나간 듯한 말끔한 기분.

한국으로 들어갈 날도 얼마 남지 않은 이 순간. 새 출발, 새로운 삶을 살아 보자! 정직하고 깔끔하게 열심히 한번 살아보자, 현익아!

17번째 감정

– 대학에 대한 미련과 더 큰 꿈을 위한 아이비리그 투어

전 세계에 이름난 순위권의 대학교, 대학생들을 보며
피가 끓었던 열정은 잊을 수 없다.

여기서 보고, 배우고, 느낀 것을
이제는 실천할 때가 다가온 것 같다.
힘들었던 만큼 얻은 것도 많기에, 그것이 나의 발판이 되어서
앞으로 내가 더 열심히, 더 열정적으로 나아가는 계기가 되길.

나는 내가 원하는 대학 진학에 실패했기 때문에 항상 대학교에 대한 아쉬움과 다시 도전해 보고 싶다는 욕심이 남아있었다. 심지어 군대에서까지 대학교 입시를 다시 준비했고, 휴가 기간에 맞춰 전투복을 입고 대학교 면접을 보러 가기도 했다.

그 욕망은 미국에서도 나타났다. 우리나라에 소위 SKY 대학교라고 불리는 대학들이 있다면, 미국에는 전 세계적으로 유명한 아이비리그 대학교가 있다.

더 크고 넓은 꿈을 꾸고자 하는 마음으로 세계에서 가장 유명하다는 아이비리그에 다니는 대학생들은 어떻게 생활하는지, 어떤 환경에서 공부하는지 직접 보고, 느끼고 싶었다. 내가 기존에 알고 있던 정보는 단지 아이비리그 대학교가 보스턴 주변에 모여 있다는 것뿐이었다. 하지만 실제로 위치를 알아보고 경로를 짜며 확인해 보니 대학교들의 위치는 각기 다른 지역에, 거리는 기본으로 반나절은 버스를 타고 가야 할 미친 일정을 소화해야만 탐방이 가능한 것이었다.

그렇다고 한두 군데를 포기하기에는 내 성에 차지 않았다.

그래서 내가 이동한 경로는 다음과 같다.

코넬 대학교(이타카) → 하버드 대학교(케임브리지) → 다트머스 대학교(하노버) → 브라운 대학교(프로비던스) → 예일 대학교(뉴헤이븐) → 컬럼비아 대학교(뉴욕) → 프린스턴 대학교(프린스턴) → 펜실베이니아 대학교(필라델피아).

짧은 시간 동안 미친 일정을 소화하려는 탓에 2~3번의 야간 버스 이용, 터미널 노숙을 하게 되어 피로도는 올라갔고 아이비리그 대학교의 상상조차 못 할 크기를 온전히 두 다리에만 의존하여 탐방을 진행하니 지칠 대로 지치게 되었다. 심지어 잦은 눈과 비 등으로 날씨마저 따라주지 않아 힘듦의 정도는 더해갔지만, 배울 수만 있다면 이러한 고통쯤은 충분히 이겨낼 수 있었다.

하루에 한 대학교 내지는 두 대학교를 방문하며 마치 그 학교의 학생이 된 마음으로 학교 곳곳을 누비고 다녔다. 법과대학 앞에서는 내가 법대생이 된 듯, 의학과 앞에서는 내가 의대생이 된 것 같은 기분에 상상만 해도 즐거웠다.

아이비리그는 세계적으로 이름난 학교인 만큼 매일매일 재학생이 무료로 진행해 주는 학교 투어 프로그램이 참 잘 되어 있었다. 1시간 정도 그룹을 나눠 캠퍼스 탐방을 하는데, 이 시간 동안 학교에 대한 설명을 듣고 재학생과 대화하는 시간까지 가질 수 있었다(학교 홈페이지에서 미리 신청 가능). 유명한 관광지가 된 만큼 재학생들보다 학교를 견학하고 싶어 하는 관람객들이 더 많아 보였고 대학교에 진학하고 싶어 하는 고등학생들 그리고 그 부모님들의 열정이 대단했다.

세계에서 이름을 날리는 순위권의 대학교 및 대학생들을 보며 피가 끓었던 열정은 지금도 잊을 수가 없다.

여기서 보고, 배우고, 느낀 걸 이제는 실천할 때가 다가온 것 같다. 힘들었던 만큼 얻은 것도 많기에 그것이 나의 발판이 되어 더 열심히, 열정적으로 힘차게 나아가는 계기가 되길 바란다.

첫 번째 대학교 - 코넬 대학교

두 번째 대학교 - 하버드 대학교

세 번째 대학교 - 다트머스 대학교

네 번째 대학교 - 브라운 대학교

다섯 번째 대학교 - 예일 대학교

여섯 번째 대학교 - 컬럼비아 대학교

일곱 번째 대학교 - 프리스턴 대학교

여덟 번째 대학교 - 펜실베이니아 대학교

18번째 감정
– 미국에서의 배낭여행, 들어 보셨나요?

여행? 좋지만은 않은,
하지만 그 힘듦 속에서 얻는 깨달음.
가 보지 않는다면 느껴 보지 못할 아름다움.

미국에서 배낭여행이라니, 참으로 쉽지 않은 도전이다. 미국은 유럽처럼 교통수단이 잘 발달해 있지 않기에, 미국 여행을 다녀온 지인의 말을 빌리면 "미국에서 자동차 없이 서부, 동부를 여행한다는 것은 아마 불가능에 가깝다."라고 표현해야 할 정도다. 그러나 나는 '안 되면 될 때까지'로 포기하지 않는 해병대 정신이 있기에 오히려 이 말에 오기가 생겼다. 물론 면허가 있어서 운전을 못 할 것이야 없지만, 힘들게 무언가를 얻어냈을 때 그 성취감은 더 큰 쾌락을 준다. 그렇게 시작한 한 달간 미국에서의 배낭여행이었다.

지도상 미 서부의 제일 꼭대기에 있는 시애틀에서 서부 하단의 라스베이거스까지 버스를 타고 하행한 후, 단 한 번의 비행기로 시카고까지 넘어갔고, 다시 시카고에서 나이아가라 폭포를 찍고 미국 하

단의 마이애미까지 하행하며 총 한 달 동안 27개의 도시를 탐험한 것은 그야말로 다양한 감정이 복합적으로 존재했던 탐험기였다.

새로운 곳을 보며 느끼는 즐거움에서부터 새로운 사람을 만나며 느끼는 행복함, 그 만남 속에서도 예쁜 옷을 입고 맛있는 것을 먹고 호화롭게 유유히 다니는 사람들의 모습이 나와 대조되는 데서 나오는 슬픔과 외로움, 영어 사용이 일상인 생활에서 영어를 잘하고 싶은 학구열, 그 유학생들을 보며 느끼는 부러움, 총기 사용에 대한 두려움, 땅이 워낙 넓은 만큼 이동 시간이 길어서 생기는 피곤함까지 다양한 경험과 감정들이 여행 내내 내 안에 혼재했다.

특히 우리나라로 비교하자면 서울에서 부산까지 가는 거리를, 아니, 그것보다 더한 거리를 며칠 사이를 두고 계속 이동해 다녔으니 피로는 심심찮게 쌓여만 갔지만, 새로운 곳을 찾아다니는 나에게는 이 정도 피로감은 극복 가능했다.

아무리 같은 나라지만 주마다 법이 다르기도 하며 도시마다 풍기는 분위기가 각각 달라 색다른 신기함을 더해 주었기 때문이다.

한 가지 더 추가한다면, 내가 꼽은 미국에서 가장 아름다웠던 곳은 샌프란시스코로, 자전거를 타고 금문교(Golden bridge)를 건너며 피어 39에 들러 바다를 보고 지나가는 골목 사이에 있는 알록달록한 건물들은 내 마음을 사로잡기에 1초면 충분했다.

추가로, 미국에서 버스 이용 시 참고할 수 있는 사이트로는 그레이하운드 버스(https://www.greyhound.com/)와 메가 버스(https://www.megabus.com/)가 있다.

샌프란시스코의 평범한 거리 풍경

19번째 감정

– 마다가스카르의 자그마한 도서관 그리고 기부

누군가를 돕는다는 것,
작은 물질이지만
그것에 담긴 나의 따뜻한 마음이 전달되길,
그것이 그들에게 더 큰 풍요로움으로 남길.

신미식 선생님께서 지으신
마다가스카르의 꿈꾸는 도서관

마다가스카르에서 바오바브나무를 보고 돌아가는 길, 그냥 우연히 밖을 바라보다가 우리나라 태극기를 볼 수 있었다. 마다가스카르에 우리나라 태극기가 있다는 게 너무 신기해서 자연스럽게 무언가에 홀리듯이 태극기가 있는 건물로 향했다. 그곳에는 건물 이름이 정확한 한글로 '꿈꾸는 도서관'이라고 쓰여 있었다.

그 순간 내 인기척이 들렸는지, 동시에 운동장으로 아이들이 우르르 해맑게 뛰어나왔다. 옆에 계신 선생님께 인사를 드리고 이 도서관이 어떤 곳인지 들을 수 있었다. 2006년에 신미식 사진 작가님께서 지으신 건물로, 아프리카의 3번째 도서관이라고 한다. 이런 곳에 도서관에 있다니 너무 신기했고 신미식 사진 작가님과 같은 국적의 한 사람이란 게 뿌듯했다.

호기심 가득한 얼굴로 나를 바라보는 아이들의 그 표정을 잊을 수가 없어서 사진을 남기기 위해 선생님께 부탁을 드렸고 선생님께서는 흔쾌히 수락해 주셨다. 그 순간 아이들은 우르르 달려와 나에게 붙었다. 그 해맑은 모습이 얼마나 따뜻해 보이던지, 사진을 찍기 위해 센터에 자리를 잡았던 나는 점점 뒤로 밀리고 있었다. 내가 만세를 하니 모두가 내 자세를 따라 하려고 하는 그 순수함과 함께 찰칵.

나의 행동을 따라 하는 순수한 친구들과 함께

책 속에 길이 있다는 생각으로 시골 마을의 아이들이 길을 발견하길 바란다는 신미식 작가님의 생각에 감명을 받은 나는 작가님을 존경하는 마음과 단순하게 이 순수한 친구들이 잘되길 바라는 마음으로 내가 도움이 될 만한 일은 없는지 찾고 또 찾았다. 가진 것 하나 없었지만, '며칠 굶으면 되지' 하는 쿨한 생각을 가지고 나에게 남아있던 전 재산 10,000아리아리를 선뜻 선생님께 드렸다(그날 점심으로 썼던 돈이 빵 하나, 과자 하나로 총 1,000아리아리에 불과했지만).

"비록 이 적은 돈이 도움이 될지는 모르겠지만, 아이들이 과자 한 쪽이라도 나눠 먹을 수 있으면 좋겠다."라는 말과 함께였다.

20번째 감정

– 유레일 패스로 떠나는 유럽 여행

숨찬 일정 속에서 느껴지는 쉼표 같은 팁.

우리나라에서는 전혀 느껴 볼 수 없는
대륙 간의 자유로운 이동, 유레일 패스의 매력 속으로.

내가 가 본 총 65개국 중에서 1/3 이상을 보낸 유럽. 그중에서도 자그마치 26개국이라는 도시를 다니는 데 큰 역할을 했던 '유레일 패스' 티켓이 있다.

유레일 패스는 유럽 지역에서 대부분의 열차를 유연하게 사용할 수 있는 올인원(all-in-one) 열차 티켓이다.

사전에 예약해서 표를 수령해야 한다는 번거로움이 있지만, 나는 유레일 패스 티켓 덕분에 유럽 여행을 성공적으로 마무리할 수 있었다고 자부할 수 있다.

약 50번의 소소한 이동 중에서 2번의 비행기, 3번의 버스, 3번의 페리 이용을 빼고는 다 유레일 패스를 적용한 기차를 타고 다녔을 정도로 유레일 패스는 나의 1등 교통수단이었다.

그 일정은 다음과 같다.

※ 4월 2일: 영국 런던~러시아 상트페테르부르크 (비행기, 250,000, 유레일 패스 미적용)

※ 4월 3일(야간 구간): 러시아 모스크바~러시아 상트페테르부르크[기차, 749루블(13,700), 유레일 패스 미적용]

※ 4월 4일(야간 구간): 러시아 상트페테르부르크~핀란드 헬싱키[버스, 1,170루블(21,500)]

※ 4월 5일(야간 구간): 핀란드 헬싱키~스웨덴 스톡홀름(페리, 99유로, 유레일 패스 미적용)

※ 4월 6일: 스웨덴 스톡홀름~노르웨이 오슬로[921크로네(117,000), 예약비 72크로나(9,200)]

※ 4월 6일(야간 구간): 노르웨이 오슬로~노르웨이 베르겐[939크로네(128,000), 예약 없이 무료 탑승]

※ 4월 7일: 노르웨이 베르겐~노르웨이 보스[210크로네(28,700), 예약 없이 무료 탑승]

※ 4월 7일: 노르웨이 미르달~노르웨이 오슬로[771크로네(105,000), 예약 없이 무료 탑승]

※ 4월 8일: 노르웨이 오슬로~스웨덴 예테보리[592크로네(80,900), 예약 없이 무료 탑승]

※ 4월 9일: 스웨덴 예테보리~덴마크 코펜하겐[484크로네(62,000), 예약 없이 무료 탑승]

※ 4월 10일(야간 구간): 덴마크 코펜하겐~독일 베를린[1,002크로네(177,000), 예약 없이 무료 탑승]

※ 4월 12일: 독일 베를린~독일 포츠담 왕복(6.8유로, 예약 없이 무료 탑승)

※ 4월 12일(야간 구간): 독일 베를린~네덜란드 암스테르담(145유로, 예약 없이 무료 탑승)

※ 4월 13일: 네덜란드 암스테르담~네덜란드 잔세스칸스 왕복(9.2유로, 예약 없이 무료 탑승)

※ 4월 13일: 네덜란드 암스테르담~네덜란드 브레다 왕복(45.6유로, 예약 없이 무료 탑승)

※ 4월 14일: 네덜란드 암스테르담~네덜란드 스히폴공항 왕복(10.6유로, 예약 없이 무료 탑승)

※ 4월 15일: 네덜란드 암스테르담~벨기에 브뤼셀(48.2유로, 예약 없이 무료 탑승)

※ 4월 15일: 벨기에 브뤼셀~룩셈부르크(42.6유로, 예약 없이 무료 탑승)

※ 4월 16일: 룩셈부르크~프랑스 파리(42.6유로, 예약비 10유로)

※ 4월 16일(야간 구간): 프랑스 파리~스페인 바르셀로나(버스, 유레일 패스 미적용)

※ 4월 21일: 스페인 바르셀로나~스페인 마드리드(1st 146유로, 예약비 44.65유로)

※ 4월 21일: 스페인 마드리드~포르투갈 리스본(64.9유로, 예약비 7.9유로)

※ 4월 22일: 포르투갈 리스본~포르투갈 포르투(27유로, 예약비 5유로]

※ 4월 23일(야간 구간): 포르투갈 포르투~스페인 마드리드(55유로, 예약비 7.5유로)

※ 4월 24일: 스페인 마드리드~스페인 알헤시라스(82유로, 예약비 14유로]

※ 4월 24일: 스페인 알헤시라스~모로코 탕헤르(페리, 20유로, 유레일 패스 미적용)

※ 5월 1일: 모로코 마라케쉬~이탈리아 나폴리(비행기, 80,000, 유레일 패스 미적용)

※ 5월 1일: 이탈리아 나폴리~이탈리아 피사(90유로+8.2유로, 예약비 10유로)

※ 5월 2일: 이탈리아 피사~이탈리아 로마(26유로, 예약 없이 무료 탑승)

※ 5월 3일(야간 구간): 이탈리아 로마~이탈리아 베네치아(51.3유로, 예약비 3유로)

※ 5월 4일: 이탈리아 베네치아~이탈리아 밀라노(45+13유로, 예약비 10유로)

※ 5월 5일: 이탈리아 밀라노~스위스 베른(11.6+57.4유로, 예약 없이 무료 탑승)

※ 5월 6일: 스위스 베른~스위스 인터라켄[14.5프랑(15,600), 예약 없이 무료 탑승]
※ 5월 8일: 스위스 인터라켄~독일 프랑크푸르트(115유로, 예약 없이 무료 탑승)
※ 5월 9일: 독일 프랑크푸르트~체코 프라하(133유로, 예약 없이 무료 탑승)
※ 5월 11일: 체코 프라하~폴란드 바르샤바[1,919코루나(95,700), 예약 없이 무료 탑승]
※ 5월 12일(야간 구간): 폴란드 바르샤바~슬로바키아 브라티슬라바(예약 없이 무료 탑승)
※ 5월 13일: 슬로바키아 브라티슬라바~헝가리 부다페스트(14.40유로, 예약 없이 무료 탑승)
※ 5월 14일: 헝가리 부다페스트~오스트리아 빈(32유로, 예약 없이 무료 탑승)
※ 5월 15일(야간 구간): 오스트리아 빈~슬로베니아 류블라나(79.6유로, 예약 없이 무료 탑승)
※ 5월 17일: 슬로베니아 블레드~슬로베니아 류블라나(6.59유로, 예약 없이 무료 탑승)
※ 5월 17일(야간 구간): 슬로베니아 류블라나~크로아티아 스플리트(63.8유로, 예약 없이 무료 탑승)
※ 5월 19일: 크로아티아 스플리트~크로아티아 자그레브[208쿠나(35,770), 예약비 8쿠나 (1,300)]
※ 5월 21일: 크로아티아 자그레브~세르비아 베오그라드[188쿠나(32,300), 예약 없이 무료 탑승]
※ 5월 22일: 세르비아 베오그라드~불가리아 소피아[1,818디나르(19,400), 예약 없이 무료 탑승]
※ 5월 23일(야간 구간): 불가리아 소피아~그리스 아테네[74레프(47,800), 예약 없이 무료 탑승]
※ 5월 24일: 그리스 아테네~그리스 산토리니 왕복(페리, 50유로, 유레일 패스 미적용)
※ 5월 25일(야간 구간): 그리스 아테네~그리스 테살로니키(32.10유로, 예약 없이 무료 탑승)
※ 5월 26일(야간 구간): 그리스 테살로니키~터키 이스탄불(버스, 35유로, 유레일 패스 미적용)

대부분의 표 가격은 성인 요금이고, 당일에 표를 현장에서 알아본 금액이라 조금 비싸게 측정되었다.

하지만 예약하면 훨씬 싸다는 사실!

추가로 'Rail Planner'라는 애플리케이션(앱)을 이용하면 모든 시간대의 기차를 검색할 수 있다.

비행기를 타고 이동 시간을 최소화하며, 기차 안 침대칸에서 밤을

보내고 그 속에서 만나는 친구들과 대화도 하며 바깥 풍경에 스며
들어보는 그런 매력.

　유레일 패스로 한 번 여행해 보는 것도 좋지 않을까?

21번째 감정

– 남자는 머릿발, 레게머리 도전

순간적인 매력을 풍기기보다는,
내면에서 우러나오는
진정한 아우라를 풍기는 사람이 되도록.

어느덧 여행을 시작한 지 2달이 훌쩍 넘었고, 머리를 자를 여유나 돈조차 없었던 나는 점점 장기 여행자의 상징이라는 장발의 모습을 하고 있었다. 하지만 록 음악을 하시는 분들처럼 긴 생머리도 아니고 짧은 머리도 아닌 이 어정쩡한 길이에 대한 찜찜함은 새로운 도전을 불러일으키는 계기가 되었다. 〈쇼미더머니〉 프로그램으로 인해 인기를 끌고 있는 힙합 세계의 상징이라고도 할 수 있는 레게머리. 남미에 왔을 때 꼭 한 번 도전해 보고 싶은 나만의 버킷리스트이기도 했다.

남미를 떠나기 전 마지막 날. 나는 브라질에서 머리를 하기 위해 시간을 냈고 숙소 주변인 코파카바나 비치 주변의 미용실을 찾아다녔다. 영어가 통하지 않았던 브라질(브라질의 모국어는 포르투갈어이다)에서의 의사소통은 참 어려운 일이었다. 인터넷에서 가장 따라 하고 싶은 레게머리 사진을 하나 찾은 후 그것을 보여 주며 흥정을 하는 게 내 임무였다. 여러 미용실에 들렀지만, 고개를 가로저으며 할 수 없다는 경우가 대부분이었고, 기술을 요구하는 레게머리가 가능한 기술자를 찾기가 쉽지 않았다. 가능한 곳을 찾아다니다 보니 처음과 너무 멀리 떨어진 골목에 다다랐다. 다행인 것은 마침내 레게머리가 가능하다는 미용실을 찾게 된 것이었다. 한화 10만 원이나 요구하는 미용실에 바디랭귀지를 총동원하여 흥정에 흥정을 거듭했고 단돈 5만 원에 합의를 볼 수 있었다. 그렇게 어떤 모습이 될지에 대해 기대를 가득 한 채로 미용사에게 내 머리를 맡겼다. 하지만 예상과 다르게, 머리에 온통 왁스 같은 약을 발라서 자꾸자꾸 비비 꼬는 것이 아닌가. 나는 파마처럼 레게머리 또한 약품을 바르고 있다가 머리를 감으면 그 형태가 유지되는 줄로 착각했다. 자그마한 정보라도 사전에 알고 갔다면 내가 레게머리는 머리카락을 이어서 땋는 것이라는 것을 알고 미리 말씀드렸을 텐데, 이건 그냥 일회성으로 무스를 발라 머리 모양을 한 번 만드는 것밖에 안 되는 것이었다. 그렇게 지출한 돈은 5만 원이었다. 나는 하얀 약품이 머리에 덕지덕지 묻은 채로 길거리를 누비고 다녔다.

심지어 다음날 머리를 감으니 원래의 뽀글뽀글했던 내 머리로 돌아왔고, 약품이 얼마나 강했는지 샴푸로는 씻기지도 않아서 폼 클렌징으로 여러 차례 헹구기를 반복하고 나서야 조금이나마 약품을 지울 수 있었다.

남은 건 일주일 동안의 기름진 내 머리와 약품과 함께 땋았을 때

내 얼굴 만한 팔뚝을 가진 누님들에게 받는 헤어 스타일링

무수히 빠진 내 머리카락에 대한 기억이었지만, 그래도 한 번 해 봤다는 것에 의미를 두고 지금은 떠올리면 피식할 수 있는 에피소드로 자리 잡게 되었다.

22번째 감정

– 아프리카 사파리 탐험기

이 자연의 향기.
먹지 않아도, 삼키지 않아도, 마시지 않아도
느낄 수 있는 이 상쾌함.

드넓은 대지 위에 우아한 자태를 뽐내는 사자가 중심에 자리하고 있는 사파리. 그 양쪽으로 사슴이 풀을 뜯어 먹고 있고 길쭉한 목덜미를 지닌 기린과 함께 옆에는 코끼리와 하마가 마주 보며 물을 마시고 있다.

우리가 에버랜드 사파리에서 보던 그런 동물과는 전혀 다른, 동물들이 통제받지 않는 이곳이야말로 말 그대로 진짜 아프리카 사파리였다.

이 풍경은 아프리카에서는 평범할 정도로 시작에 불과했지만, 아쉽게도 사자가 직접 사냥을 하고 다양한 동물들이 떼로 모여 지역을 이동하는, 우리가 텔레비전에서 보던 진짜 그 모습을 볼 수 있는 곳은 세렝게티와 마사이 마라라는 다른 지역이었다.

하지만 이곳에 가기 위해서는 따로 투어를 신청해야 가능했고 그 비용 또한 만만치 않았다. 아무리 싸게 해도 50만 원 안팎의 비용이었다. 그 정도의 돈이 없는 나는 소소하게나마 야생 사파리를 즐기기 위해 케냐의 나이로비 국립 공원으로 향했다.

신기하게도 평범한 길거리에서까지 원숭이, 멧돼지가 서슴없이 다니고 있었고 내가 서 있는 이곳은

'도시 전체가 사파리일 수도 있겠구나'

라는 생각이 들었다.

그렇게 나는 케냐 국립공원에 입성했다.

진짜 사자를 오랜만에 봐서 그런지 혼자 동심에 빠져서 감탄을 머금고 있을 때, 옆에 있던 관리자가 좋은 구경을 시켜 준다며 조용히 나를 따로 불렀다. 그가 안내해 준 뒤편에는 커다란 치타 한 마리가 철장 안에 갇혀서 커다란 고깃덩어리를 먹고 있었다. 그 순간 아무렇지 않게 철장 안에 들어가는 직원들. 그리고 나를 부르는 손짓. 내 마음은 벌써 철장 안으로 향하고 있었지만 발은 떨어질 생각을 하지 않았다. 결국 벌벌 떨리는 손을 가누지도 못한 채로 직원의 손에 이끌려서야 철장 안으로 들어갈 수 있었다.

좋은 경험을 시켜 주겠다고 치타를 쓰다듬어 보라는 직원. 어느샌가 그분은 벌써 사진을 찍어 주려는 자세를 잡고 계셨다.

'밥 먹을 때는 개도 건드리지 않는다는데. 괜히 잡아먹히는 게 아닐까?' 생각하던 그때, 자세를 바꾸려는 치타의 동작에 나는 너무 놀라 한바탕 뒤로 뒤집어졌다. 그 모습에 직원들은 웃기 바빴다.

긴장이 풀렸는지, 그제야 치타와 친해져서 마음 편히 같이 사진을 찍을 수 있었다.

단 몇 분 전의 무서움도 잊은 채로 나는 금세 우쭐해졌다.

"너희, 치타랑 셀카 찍어 봤어?"

갑자기 왜… 움직이고 그래… 무섭게…

그리고 곧바로 멀지 않은 곳에 있는 기린 센터로 향했다.

이곳의 포인트는 입으로 먹이를 물어서 기린에게 건네주는 것이었다. 너도나도 기린에게 먹이를 주는 모습을 사진에 담으려고 했고, 서로 그 모습을 바라보며 모두가 화목하게 웃을 수 있는 정말 순수했던 곳이었다.

기린의 침으로 인해 찝찝했지만, 그 속에 숨겨진 한없이 순수한 사람들의 표정. 그 모습 때문에 가슴 한 공간에 더 찐하게 기억이 스며들었던 것 같다.

기린아. 내 입술 말고… 사료를 먹으란 말이야!

23번째 감정
– 중국, 비자 없이 1박 3일 경유

겉모습만 보고 섣불리 판단하지 말자.
진정한 속 모습은 겪어 보기 전까지는 아무도 모른다.

우리나라가 비자 없이 입국할 수 있는 나라는 100여 개국 정도다. 하지만 안타까운 현실은 바로 옆 나라인 중국에 가기 위해서는 비자를 신청해야 한다는 것.

여기 비자 발급 없이도 중국에 갈 수 있는 방법이 한 가지 있다(중국의 모든 도시가 아닌 주요 도시만 가능하다)!

제약은 많지만, 나 같은 여행자에게 유리한 방법인데 바로 휴가 일정으로 보내기 좋은 트랜짓 비자(transit visa)를 받는 것이다.

트랜짓 비자란 공항을 경유하면서 체류한다는 느낌으로 경유 시간을 조금 늘려 따로 비자 발급 없이도 해당 국가에 잠깐 머무를 수 있게 해 주는 제도이다.

특히, 중국의 수도 베이징에서는 72시간이었던 경유 시간이 2019년부터는 144시간으로 늘어서 한층 더 여유로운 시간을 만끽할 수 있었다.

내게 주어진 시간은 단 2일. 중국에서 만리장성을 보는 게 내 오랜 소원이었던 만큼 지체하는 시간 없이 오전 6시에 지수이탄역에서 당장 출발했다.

새벽 시간에도 불구하고 만리장성에 가기 위한 줄은 어마어마했다. 도로 주변까지 이어진 줄을 1시간 정도 기다린 후에야 버스에 탑승할 수 있었다.

만리장성에 입성하자마자 중국이라는 나라가 얼마나 크고 인구가 많은 나라인지 한눈에 들어왔다. 세계적으로 유명한 이 관광지에서는 대부분 외국 사람이 주요 관광객으로 자리 잡을텐데 이곳은 99%가 중국 사람이었으니 정말 진기한 풍경이었다.

길을 따라 올라가는데 여기도 중국 사람, 저기도 중국 사람, 사방이 다 중국 사람이었다. 중국이 인구가 워낙 많아서 그렇게 느낀 것일 수도 있겠지만, 그 사람들의 표정에서 그만큼 자기 나라에 대한 애착이 강하다는 메시지가 표현되었다.

사람으로 꽉 막혀 있어서 발 한 번 내딛기 힘든 상황이었지만, 그래도 내가 본 중국 사람들은 다 웃고 있었다.

만리장성에 왔다는 설렘을 가득 품은 채로 말이다.

만리장성을 빠져나오며 내가 보았던 사람들의 순수한 모습은 '세

세계 7대 불가사의, 만리장성 그곳에 발을 내딛다

게 어디를 가나 있는 시끄러운 중국 사람들'이라는 선입견을 품고 있었던 나 자신을 반성하게 해 주는 계기가 되었다.

오히려 외국 사람들이 많았다면 못 느꼈을 중국의 분위기를 느끼며, 중국 사람들의 애국심에 대해 깊이 생각해 보며, 단 하루의 시간 동안 많은 것이 내 가슴속에 스며들었다. 그리고 다짐했다.

'사람들의 선입견, 겉모습이 오히려 생각을 망칠 수 있다. 진정한 속 모습은 직접 겪어 보기 전까지는 아무도 모른다. 감사합니다, 중국'

24번째 감정

– 독일 혼탕 체험기(그 나라의 문화 속으로 2)

그 나라에서만 경험할 수 있는 문화를 접해 보는 신선함.
혼자 부끄러워하고 눈치를 살피는
한국에서는 전혀 느껴보지 못할 이 기분.

고등학교 시절, 어느 날 친구가 내게

"독일에 가면 혼탕이 있대. 나중에 꼭 가 봐라."라며 음흉한 미소를 지었던 게 문득 떠올랐다. 그 당시만 해도 나는 내가 살면서 독일에 가는 날이 올 거라고는 꿈도 못 꿔 본 나이에 눈 색깔, 피부색이 다른 친구들을 한창 신기해할 토종 한국인이었다.

하지만 지금은 외국인 친구를 만나는 게 동네 친구들을 만나는 것만큼 편한 실정이다. 새로운 친구를 만난다는 것 자체만으로도 좋은데, 외국 친구를 만나는 것은 다양한 경험을 할 좋은 기회가 된다. 더구나 그 친구와 나의 문화가 다름을 인정하고 새로운 문화를 받아들이려고 노력한다면 그 효과는 더욱 커질 것이다. 외국인 친구에게서 느낄 수 있는 가장 큰 장점으로는 매너와 개방성을 꼽고 싶다. 여닫이문에서 항상 문을 열어 주고 기다려 주는 그들의 모습은 어떻게든 빨리, 먼저 나가려고 하는 우리나라의 문화와는 너무나도 달랐다. 또한, 내가 말하는 개방성은 누굴 만나도 적극적이고 사교적인 모습을 취하며 스스럼없이 다가가는 그런 열정을 말한다.

그냥 산책하면서 마주치는 사람들과 서로서로 웃으면서 인사를 나누는 외국 문화는 '누군데 인사를 해?', '아는 사람이야?'라는 이상한 의구심을 갖는 우리나라와는 다르다.

이런 성격상의 문화를 간접적으로 체험할 수 있는 곳이 바로 독일의 혼탕 문화다.

나는 지금 독일 비스바덴의 혼탕 앞에 서 있다. 이른 아침 시간이라 사람이 많이 없고 조용하지만, 온탕이나 뜨거운 사우나에 아무 것도 걸치지 않은 채로 다른 성별의 누군가와 한 공간에 있다는 것이 참 신기했다. 모두가 이 상황을 자연스러운 것이라고 느끼는데 혼자 섣불리 부끄러워하고 눈치를 살피는 나 자신이 부끄러웠다. 한국에서는 전혀 느껴보지 못할 문화와 이 기분.

여행하면서 그 나라에서만 할 수 있는 문화를 접해 보는 것은 상당히 신선한 경험이라고 생각한다.

만남

일상생활을 하다 보면 다양한 분야의 새로운 사람을 만나기가 참 쉽지
않다.

대개 직장이나 학교에서 비슷한 사람들끼리 만나는 게 대부분이고 한편
으로는 사람의 조건을 따질 수도 있는 노릇이다.

그만큼 새롭고 다양한 사람을 만날 기회는 한정되어 있지만, 동등한 위
치에서 다양하게 만날 기회가 있다. 나는 그것이 바로 여행이라고 생각
한다.

25번째 감정

– 인연이란 참 신기하다

"옷깃만 스쳐도 인연이다."라는 말이 있을 정도로 인연이란 것은
참으로 대단하고 신기하다.
호주에서 나는 그 말을 믿게 되었다.

호주에서의 첫 3개월은 영어 공부를 하는 데 대부분의 시간을 투자했고 주말 시간을 이용해 아르바이트를 구했다. 그때 구직 사이트를 이용해 구하게 된 아르바이트는 셰어 하우스 청소였다. 다행히 집주인분이 유일하게 한국 분이셔서 청소를 열심히 하는 내 모습에 밥도 챙겨 주시고 귀엽게 봐주셨다. 돈도 벌고 좋은 관계도 유지하며 3개월을 보냈다. 이후 나는 영어 학원을 졸업하고 본격적으로 여행 경비를 벌기 위해 더 큰 도시로 이사했다. 교통비를 줄이고자 조금 비싼 돈을 주고 시내 주변의 집을 구했고 새벽 청소를 쉽게 구할 수 있었다. 하지만 두 번째 아르바이트로 생각했던 오후 시간대의 일자리가 좀처럼 구해지지 않는 것이다. 그로부터 3주 후, 차라리 교통비를 좀 내더라도 일자리를 일단 구하고 봐야겠다는 생각으로 제일 먼저 일을 구한 곳이 스시 가게였다. 버스를 타고 가야 한다는 생각 때문에 가야 할지, 말지를 한참 고민했고 일단 면접을 본다는 건 좋은 경험이라고 생각한 후 스시 가게로 출발했다. 그렇게 보게 된 면접에서는 내가 전역 후에 바로 워킹홀리데이로 호주에 왔다는 도전정신에 좋은 점수를 부여해 주셨고 매니저님 또한 같은 경험이 있어서 공감대가 통했다. 좋은 이야기가 많이 오갔고 면접이 아닌 학교 선배를 만난 것처럼 의미 깊은 시간을 보내게 되어 꼭 여기서 일하고 싶어졌다.

　결과는 다행히 합격이었다.

좋은 관계를 유지하며 일한 지 한 달 뒤, 셰어 하우스 청소를 할 때 계시던 누나가 여기 스시 가게에, 심지어 같은 도시도 아닌 옆 도시(거리상으로 보면 서울에서 부산 정도의 거리)인데 식사를 하러 오셨다. 너무 반갑게 인사를 나누며 매니저님께

"제가 전의 도시에 있을 때 집 청소를 했는데 그때 집주인이었던 누나가 여기 와있어요."라고 하니 갑자기

돈이 없어, 시간이 없어서 밥을 챙겨 먹지 못하고 일하러 왔을 때 "항상 밥은 먹었니?"라고 물어보며 먹을 것을 주셨던 현철이 형

"그게 너야?"라고 묻는 것이다.

'이게 무슨 말이지?'라고 생각하고 있을 때 매니저님이 말씀해 주셨다.

그 당시에 집주인이었던 누나가 주변 지인들한테 청소를 너무 열심히 하고 잘하는 동생이 왔다면서 그렇게 칭찬을 했다고 한다. 여기서 더 중요한 한 가지. 매니저님과 집주인이었던 누나는 다름 아닌 매형과 처제 관계였던 것이었다.

매니저님의 깜짝 서프라이즈 생일 파티!

이 신기한 분위기 속에 모두가 "우와!"라며 입을 벌렸고, 그 순간 모두가 믿을 수 없다는 표정으로 말을 잇지 못했다. 곧 허탈한 웃음 소리와 함께 이 모든 것이 훈훈한 분위기로 변해 갔다.

그렇게 나는 인연이라는 것을 믿게 되었다.
만날 사람은 어떻게든 만나게 된다.

26번째 감정
– 세 대륙을 거친 운명 같은 만남

남아메리카 멕시코 칸쿤,
아프리카 모로코 셰프샤우엔,
유럽 터키 카사블랑카.

세 번이나 우연히 만난 기막힌 우연. 아니, 필연.

한국의 경우 다른 나라에 비해 도시 간의 거리가 짧음에도 불구하고 우연히 다른 도시에서 아는 지인을 만난다면 "세상 엄청나게 좁다."라는 말이 나올 정도로 신기하고 반가울 것이다.

　하지만 세 나라에서, 그것도 세 대륙에서 같은 사람과의 만남이 있었다면 과연 어떤 느낌일까?

　멕시코 칸쿤을 여행할 때 내가 숙소로 잡은 방은 8명이 함께 쓰는 공용 침실 방이었다. 이용객은 대부분 서양 친구들이었고 유일한 아시아 계열 이용객은 내 옆 침대의 홍콩 친구였다. 뭔가 모를 동질감에 인사를 나누며 여행에 관한 이야기를 나눴고 끝으로 SNS 계정을 주고받으며 아쉬울 것 없이 서로의 안녕을 기약했다. 그 후로 연락 한 번 한 적 없었고 솔직히 그 인연은 거기서 끝일 줄 알았다.

　그렇게 남미 여행, 서유럽 여행을 마치고 두 달이 지난 후, 나는 모로코 카사블랑카에 도착했고 여기에서의 일정은 단 하루였다. 그 많고 많은 숙소 중에서 내가 예약한 곳은 하필 언덕 꼭대기에 있는 숙소였고 힘들게 등산하듯이 걸어가서 결국 1시간 만에 도착했다. 여기가 숙소가 맞나 싶을 정도로 사람이 없었고 심지어 따로 체크인할 수 있는 데스크도 없었다. 주변을 두리번거리던 도중에 짐을 내려놓기 위해 가장 가까운 방에 들어갔는데 그 방에 멕시코에서 만났던 테리라는 친구가 누워 있었다. 우리는 서로 환호를 하며 껴안았고 믿을 수 없는 일이라며 아우성을 질러댔다.

우리만의 자칭 대륙 축구대회. 아시아 vs 아프리카 　전직 미용사였던 테리 덕분에 지저분한
　　　　　　　　　　　　　　　　　　　　　머리를 깔끔하게 정리할 수 있었다

　그렇게 서로 같이 파란 도시 셰프샤우엔을 구경하며 사진을 찍고
거리 곳곳을 누볐고, 때마침 근처 운동장에서 축구를 하는 모로코
친구들과 자칭 대륙 친선경기 이름을 붙이며 아시아 대 아프리카로
축구 경기를 펼쳤다.

　해가 저물고 숙소에 돌아와 미용사가 직업이었던 테리는 내 머리
카락을 잘라 줬고 그 고마움에 나는 호주에서 배운 요리 솜씨를 기
반으로 저녁을 만들어 줬다. 가진 것이 없었던 우리가 서로에게 표
현할 수 있는 최고의 선물이었다. 단 하루의 일정에 아쉬움을 뒤로
하고 다음 날 새벽에 나는 다시 떠났다.

　내가 동유럽을 거쳐 마지막으로 터키에 가는 일정과 테리가 터키
에 가는 시기가 비슷해서 또다시 만날 것을 기약하며 우린 헤어졌다.

　하지만 그 이후에는 연락이 닿질 않았다. 여행하면서 휴대전화를
볼 시간이 많이 없기도 했고 나와 테리는 유심을 쓰지 않았기에 데
이터 연결상의 문제도 있었을 것이다.

여기까지 들었을 때는 어떤가? 소름이 끼칠 정도로 굉장한 만남이겠지만, 이 인연으로 끝이었다면 운명이라는 이야기조차 꺼내지 않았을 것이다.

세 번째 운명 같은 만남, 터키 카사블랑카에서

그리고 한 달 후, 터키 카사블랑카.

열기구가 예쁘다는 그곳에서 하루를 보내고 야간 버스를 타기 위해 버스정류장에 도착했다. 버스 출발 5분 전, 고파오는 배를 위해 간단한 요깃거리를 사려고 슈퍼마켓에 들리기로 했다. 그것도 5분 남짓했던 촉박한 시간 때문에 가야 할지, 말아야 할지 많은 고민 끝에 내린 결정이었다. 버스에서 잠깐 내려 슈퍼마켓을 향해 달려가던 도중, 내 앞에 불쑥 어디선가 많이 본 듯한 친구 '테리'가 나타난 것이었다.

눈을 마주치자마자 우리는 그냥 하염없이 웃었다. 마치 학교에서 같은 반 친구를 만나듯이 그 만남은 무척이나 자연스러웠다. 우리는 반가움보다 당연하다는 듯이 고개를 끄덕이고 있었다.

　세 대륙, 세 나라, 세 도시에서 만나고자 하는 한 통의 연락도 없이 마주친 미친 인연. 어쩌면 그는 전생의 또 다른 내가 아니었을지 상상해 본다.

27번째 감정

– 나와 같은 22살 여행자, 친구

서로에게 자극이 되고 의지가 되는 존재.
그게 바로 진정한 친구 아닐까.

최고의 야경으로 꼽을 수 있는 부다페스트 어부의 요새

여행하면서 새로운 만남을 갖기 위해서 쉽게 다가가는 나만의 방법이 있다!

그 방법은 바로, 내가 먼저 사진을 찍어 주겠다고 다가가는 것이다. 특히 혼자 여행을 왔다면 사진을 찍는 데 어려움이 있을 것이고 오히려 그것을 기회 삼아 사진을 찍어 주겠다며 쉽게 다가갈 수 있다. 그런 경우에는 그 사람이 원하는 느낌으로 최대한 찍어 주려고 노력했고 여행하면서 몇만 장을 찍어본 노하우로 최대한 상대방을 만족하게 해 주었다.

현정이도 그렇게 만난 친구였다. 사실 한국 사람이라고 미처 생각하지 못하고 혼자 관광지를 기웃거리길래 영어로 "사진 찍어드릴까요?"라고 물어본 게 나와 같은 22살 여행자, 현정이와의 첫 만남이었다. "한국 분 아니세요?"라고 묻는 현정이를 보며 깜짝 놀라서 서로 웃었고 서로 사진을 찍어 주면서 잠깐 이야기를 나눴다.

　보기 드물게 유럽에서 만난 세계 여행자 현정이는 심지어 나와 나이도 같아서 단번에 친해질 수 있었다. 그렇게 우리는 저녁을 먹고 가장 아름답다고 소문난 부다페스트의 야경을 함께 즐겼다.

남는 건 사진뿐. 하나의 추억을 남기기 위해 우리는 동상의 형상을 따라 했다

아쉽지만 나는 다음 일정을 위해 먼저 떠나게 되었는데, 이틀 뒤 신기하게도 우리는 슬로베니아에서의 일정이 같았기에 다시 만날 것을 기약했다. 현정이와 함께한 시간은 일주일이었다. 헝가리 부다 페스트부터 슬로베니아 류블랴나, 크로아티아까지. 동유럽에서 피크닉을 즐기고 영화 〈아바타〉 촬영의 배경이 된 플리트비체까지 이어진 동행이었다.

현정이는 참 배울 점이 많은 친구였다. 한국에서 학교 공부를 하며 저녁에는 아이스크림 가게, 새벽에는 피시방에서 아르바이트를 병행하며 악착같이 돈을 모았고 그 돈으로 세계 여행을 준비했다.

여행을 떠나기 전에 부모님이 용돈을 챙겨 주려고 하셨는데 혼자 힘으로 해결하고 싶다며 그것조차 받지 않을 정도로 열정과 자립심이 대단했다.

이 거대한 세상 속에서 '나'라는 존재를 생각하면 겸손이라는 단어를 떠올리게 되지만, 나는 이 나이에 이렇게 열심히 산다는 자부심 하나만큼은 넘쳐나서 누구보다 잘하고 있다고 자부했는데 그런 나와 비슷한 삶을 사는 친구를 만나게 되어 신기하기도 했고 나에게 좋은 자극제가 되었다.

서로에게 자극되고 의지가 되는 존재. 그게 바로 진정한 친구가 아닐까.

28번째 감정

– 이 자리를 빌려서 다시 한번 감사드리고 싶은 분

감사는

빠르면 빠를수록, 많으면 많을수록

감사함이 더 커지는 법.

칠레 칼라마 버스정류장 도착 시각은 오전 5시.

칼라마 공항까지의 거리는 약 3㎞.

비행기 탑승 시각은 오전 9시.

시간이 충분했기에 걸어가도 무색할 거리였다. 심지어 시내버스 하나 없이 오직 택시만 다니는 이 거리에서 택시비는 한화로 무려 약 8만 원 정도였다. 택시는 나에게 상상도 할 수 없는 금액이었기에 포기한 후, 걸어갈 준비를 마치고 버스터미널 앞에서 한 중년 남성에게 길을 물었다.

"혹시 여기서 공항에 가려면 어디로 가야 하나요?"

"그 짐을 다 들고 공항까지? 너무 멀어. 1시간은 넘게 걸어가야 할 걸?"

"1시간? 운동하는 느낌으로 가면 돼요!"

"대단한데? 아 참, 그것보다 가는 길이 너무 위험해. 여기 역 주변에는 총, 칼을 들고 있는 강도가 많아. 택시를 타는 걸 추천할게."

"택시? 너무 비싸더라고요. 조심히 걸어갈 자신 있어요! 길만 알려주세요! 강도 만나면 가진 것 다 내주고 하라는 대로 하죠, 뭐."

참 용감한 건지, 무식한 것인지 1만 원 정도의 돈 앞에서 겁 없이 걸어가기로 한 나를 중년 남성은 안타깝게 바라보더니 잠깐 기다리라고 했다. 1분쯤 뒤에 나를 부르더니 갑자기 택시에 타라는 것이었다. 자기가 이미 계산했다며 명함을 내게 주면서 도움이 필요할 때는 언제든 연락하고 했다.

처음 보는 외국인에게 선뜻 쉽지 않은 호의를 베풀었다는 신기함과 함께 감사한 마음이 들어서 어찌할 줄 몰랐다. 명함을 받은 나는 그저 몇 번이고 연신 감사 인사를 드리며 꼭 보답하겠다며 택시에 올랐다. 두 손에는 변호사라고 적혀 있는 그분의 명함을 꼭 쥔 채로. 잊지 않아야겠다는 마음에 지갑에 소중히 보관했다.

그 후 몇 시간 뒤, 하필 그날 오후에 나는 칠레에서 소매치기를 당했다. 지갑 속 명함과 함께. 감사 인사도 제대로 못 드린 채로 칠레를 떠나며 아무것도 할 수 없는 내 모습에 너무 속상했다.

"이렇게라도 감사 인사드립니다, 선생님. 죄송합니다."

29번째 감정

– 배낭여행을 쿠바에서 배우고 느끼다

'지피지기면 백전백승'
그 도시, 그 나라의 역사를 알고 다가간다면
그것이야말로 진정
그 장소와 소통을 하고 느끼는 것이 아닐까.

미국은 나 같은 배낭여행자를 만나기 어려운 곳이다. 내가 만난 대부분의 여행자는 한 도시 내지는 두 도시를 호화롭게 여행했고 오히려 배낭여행을 한다고 하니 "미국을 배낭여행해?"라는 반응을 보이곤 했다. 그 말은 진짜였고, 미국에서 배낭여행자를 만나기는 하늘의 별 따기였다.

그러나 미국을 떠나 쿠바에 도착했을 때, 공항에서부터 눈에 보이는 것은 온통 배낭이었다.

'이제 공감대가 형성되겠구나! 나 같은 여행자를 만날 수 있겠구나!'

그 예감은 적중했다. 쿠바에서 유명한 3대 카사(숙소)를 찾아가니 20년 동안 전 세계를 여행하신 형님과 세계 여행 중인 누나가 나를 반겨주는 것이었다.

우연적인 만남을 느꼈다. 또한 이런 우연이 있나 싶을 정도로 놀랐던 것은 같은 방에서 만난 우리 3명 모두가 이 숙소에 도착한 날짜와 떠나는 날짜가 같았던 것이다. 심지어 혜인 누나와 나는 멕시코로 넘어가는 것까지 같은 비행기였다. 이런 만남과 더불어 여행 초짜인 내게 형, 누나의 여행 이야기는 내 세계 여행의 밑거름이 되었다.

책을 내고 사진 전시회를 하시는 동우 형님에게서는 여행의 본질에 대해서 배울 수 있었다. 40대 후반의 나이시지만 여행을 위해서 집을 팔면서까지 떠나는 그 열정. 그리고 여행하는 나라의 역사를 공부하며 직접 탐사에 나서는 모습까지.

덕분에 전에는 몰랐던 쿠바의 혁명을 일으킨 체 게바라(Che Guevara, 1928~1967년)에 대한 역사를 공부하며 배울 수 있음에 감사했다.

그렇게 우리는 세 명에서 남은 이틀 동안 쿠바 하바나를 같이 돌아다니며 무궁무진한 세계 여행에 대해 더 많은 이야기를 나누었다. 나는 마치 엄마, 아빠 뒤를 졸졸 따라다니듯이 형, 누나와 함께 많은 것을 배웠다.

이 시간은 '여행하며 많은 곳을 가 보자'라는 단순한 목적을 가졌던 내게 내 여행의 의미에 대해 되돌아볼 수 있는 좋은 시간이 되었다.

단순히 그곳에 가 보고 경험한다는 것만으로도 여행으로서는 좋은 취지이지만, 그 도시, 그 나라의 역사를 알고 흐름을 알고 다가간다면 그것이야말로 진정으로 그 장소와 소통하고 느끼는 것 아닐까.

30번째 감정

– 사람들과 함께해서 더 좋은 여행지 Best 4

(이집트 다합, 쿠바 하바나, 인도 바라나시, 스위스 인터라켄)

그냥 대단한 사람들이 너무 많다.
여행을 하면서 만난, 여행이 아니었으면 만나기 힘들었을 인연들.
그리고 여행을 통해서만 느낄 수 있는 이 감정들.
내게 큰 자극이 되었다.
'겸손한 마음으로 더 높게 더 큰 꿈을 바라보며 한 걸음 더 나아가야지'

① 이집트 다합

다합은 배낭여행의 성지이자 전 세계 여행자들에게 블랙홀이라 불리는 곳이다.

하루 숙박비가 싸게는 무려 1,000원까지 하는 곳도 있어서 장기 여행자로서 오래 머물기에 딱 좋은 장소다.

바다를 좋아한다면 수중 레포츠의 천국인 다합의 푸른 바다에서 스쿠버 자격증을 따는 것도 좋은 방법!

② 쿠바 하바나

이번에 JTBC 예능이자 여행 다큐멘터리인 〈트레블러〉 방송 덕분에 더 유명해진 쿠바.

올드 카로 물든 알록달록한 거리 곳곳의 아름다움이 쿠바의 매력을 더해 주면서, 3대 카사(숙소)에서 함께 사람을 만나는 재미까지

있는 여행지다.

③ 인도 바라나시

삶과 죽음이 공존하는 갠지스강을 바라보며 느끼는 이 오묘한 감
정. 그 속에서 철수네 일몰 보트를 타고 함께 모여서 나누는 이야기
는 더 의미 있지 않을까.

또한, 다른 나라와 달리 싼 한식 값 덕분에 함께 모여서 한국의 정

을 느낄 좋은 기회다!

④ 스위스 인터라켄

　스위스의 융프라우를 보러 가기 위해 며칠을 보내게 되는 스위스 인터라켄.

　한국인이 유독 많아 숙소가 한국 사람들로 가득하여 스위스의 '대명 리조트'라고도 불리는 이곳.

　이곳의 하이라이트는 음식 재료를 사서 함께 요리해 먹는 재미가 있다는 것이다(식당에서 사 먹는 것은 비싸서 고기를 사서 구워 먹는 게 훨씬 이득이다)!

31번째 감정

– 전우를 만나다 1, 홍콩

"살아만 있어."라는 형 말만 믿고 따라온
지난 2년간의 꿈, 그리고 성취.

여행을 떠나기 전 한국에서의 마지막 추억을 꼽으라면 내 추억은 온통 군대로 도배되어 있었다.

군대에서 모든 여행 일정을 계획했고 워킹홀리데이 비자를 신청했으며 전역한 지 단 일주일 만에 해외로 출발했으니까.

심지어 내가 근무했던 곳은 다름 아닌 백령도였다.

15대 1의 경쟁률을 뚫고 실무 배치를 받은 이곳은 북한 지도를 쓰며 휴가를 한 번 나오기 위해서는 배를 4시간, 버스를 4시간 정도 타고 하루를 꼬박 지새워야 내 고향 대구까지 갈 수 있는 그런 곳이었다.

사실 섬 안에는 아무것도 없어서 돌을 깨고 논다는 소리까지 있을 정도이니, 그만큼 부대원들끼리는 사이가 정말 각별했다.

밖에서도 백령도 출신이라고 하면 매우 반갑게 느껴지는 게 있는데 더구나 같은 대대, 중대, 소대 심지어 생활실까지 같다면 이 또한 진짜 인연이 아닐까 생각한다.

내가 근무했을 때 같은 생활실에서 가장 오랜 시간을 함께한 내 맞맞선임 이민재 해병님. 이 선임은 홍콩 유학파 출신이었다. 덕분에 세계 여행 계획을 짤 때 해외 생활 부분에서 도움을 많이 받았고 그 고마움에 내 여행의 마지막 종착지는 형을 보러 가는 홍콩이라고 미리 점찍어 두었다.

홍콩에 꼭 놀러 가겠다고, 가면 재워달라고 하던 게 진짜 현실이 되어버렸다.

홍콩에서 형을 만나는 순간, 피 끓는 뭔지 모를 끌림에 눈물이 핑 돌았다.

"살아만 있어."라는 형의 말만 믿고 달려왔는데 시간이 지나고 보니 만남부터 떠나는 이 순간까지 홍콩에서 함께 시간을 보냈다는 것이 아직 실감 나지 않는다.

단지, 2년 동안 꿈꾸고 바라왔던 목표를 이룬 것 같아서 아주 좋다.

배울 게 많은 우리 형,

이민재 해병님. 사랑합니다.

32번째 감정
– 전우를 만나다 2, 싱가포르

사소한 것일지는 모르지만
그것으로 인해서 서로 기쁠 수 있다는 것,
그것이 진정한 행복 아닐까.

'동기 사랑, 나라 사랑'

그만큼 군대 훈련단에서 동기끼리의 애정은 각별했다. 더구나 10%도 채 되지 않는 확률을 뚫고 같이 백령도로 떠나게 된 동기라면 더욱더 그렇다.

같은 대대가 아니어서 자주 보지는 못했지만, 한 번씩 백령도를 오갈 때 반갑게 인사했던 내 동기 건일이 형. 건일이 형은 싱가포르에서 대학교에 다니고 있었는데 여행의 중반쯤 다다랐을 때 형한테 연락이 왔다.

"현익아. 싱가포르는 언제 와? 오면 꼭 들러. 꼭 보자."라고.

나를 잊지 않고 찾아 준다는 감동적인 마음에 싱가포르에 도착하자마자 곧바로 형의 집으로 향했고, 해외에서 아는 사람을 만난다는 것이 얼마나 반가운지, 형을 보자마자 바로 안겼다.

그리고 감동적인 형의 한마디.

"그동안 힘들었지. 고생했어. 여기서만큼은 내 집처럼 편하게 있어."

항상 숙박업소나 길거리에서 눈치를 보며 잠들던 나였는데 그 말한마디가 정말 고마웠다.

그 고마움을 표현하고자 내가 형을 위해 이곳에서 해 줄 수 있는 것은 집 청소와 요리였다.

　요리만큼은 호주에서 주방장으로 일한 경험이 있기에 자신 있었다. 다음날, 모두가 자는 이른 아침에 일어나서 분주하게 준비했다. 당면을 풀고, 닭을 삶고, 마늘, 간장, 설탕 등 다양한 재료를 통해 그렇게 '현익이 표 찜닭'을 완성했다.

　아침 먹을 시간에 맞춰서 모두가 모였고 나는 일어나자마자 밖에 나가서 찜닭을 사 온 척했다. 처음에는 다들 농담인 줄 알고 웃었지만, 맛을 보고는 진짜 사 온 것이 아니냐며 맛에 대해 감탄하는 것이었다.

　왠지 모를 뿌듯함에

　'호주에서 요리를 배웠던 게 드디어 진가를 발휘하는 건가?'라며 우쭐해진 내 어깨는 한껏 올라가 있었다.

　그리고 형이 학교에 갔을 때 깔끔하게 집 청소까지 선보였다.

　요리, 청소 이 두 가지를 호주에서 직업으로 삼았다는 것에서 나의 기술은 한 단계 업그레이드되어 있었다. 이 순간에, 이렇게 쓰일 줄은 몰랐지만, 그래도 내 기술을 통해서 누군가에게 기쁨을 줄 수 있다는 점이 참으로 좋았다.

　그냥, 서로 도우면서 그것으로 인해 서로 기쁠 수 있다는 것. 그것이 진정한 행복이 아닐까.

33번째 감정

– 10년 만에 재회한 우리 이모들

어색함과 부끄러움 그리고 반가움까지
이 모든 복잡한 감정이 오가는 재회의 순간.
누군가를 10년 만에 만난다는 쉽게 느껴보지 못할 이 감정.
말로만 했던 그 순간이 현실로 다가왔다.

10년 전, 명절마다 인사드렸던 작은할아버지, 할머니 그리고 나와 두세 살 터울의 이모들은 갑자기 미국에 이민을 간다고 했다. 아무것도 몰랐던 그 초등학생 시절, 미국은 비행기 한 번 타면 가기 쉬운 그런 곳인 줄로만 알았다. 그 때문인지 슬픈 감정보다는

"방학 맞춰서 놀러 갈게요."

라며 싱글벙글한 웃음과 함께 장난기 가득한 인사를 드렸다.

작은할아버지와 운동장에서 농구 게임을 하던 그 추억이 잊혀질 무렵, 벌써 10년이라는 시간이 지났다.

세계 최대 강대국이라는 미국은 나의 여행 계획에서 절대 빠질 수 없는 여행지가 되었고 미국을 간다는 상상과 함께 신기하게도 그 잊혀졌던 기억이 되살아났다. 꼭 다시 한번 뵙고 싶었던 가족들의 얼굴은 잘 기억나지 않았지만, 마음만 있다면 기억날 것을 굳게 믿고 미국에 도착하자마자 이모 집을 향해 나섰다.

누군가를 10년 만에 만난다는, 쉽게 느껴보지 못할 이 감정. 말로만 했던 그것이 현실이 된 지금 반가움과 수줍음에 머리가 쭈뼛쭈뼛 섰다. 어색함과 부끄러움 또는 반가움까지 모든 복잡한 감정이 마음속을 오가다 재회의 순간을 맞이했다.

하지만 그 순간의 그 부끄러운 마음은 어디로 사라졌는지, 얼마 지나지 않아서 완벽하게 가족의 일원으로서 적응했다. 작은 식당을 운영하시는 작은할아버지를 따라서 하루는 가게에 보조 요리사로

서 일을 도와 드렸고 또 하루는 이모들과 함께 시애틀 거리를 탐방했다. 스타벅스 1호점부터 아마존 본사까지 시애틀의 거리 곳곳을 누비고 다녔는데 이모들과 함께하는 분위기 덕분에 마치 미국 브로드웨이의 '뉴요커'가 부럽지 않은 느낌이 들었다.

미국을 여행하기보다는 여기서 한두 달 정도 미국 생활을 해보는 게 어떻겠냐는 달콤한 유혹도 있었지만, 나의 꿈을 향한 도전정신은 그 달콤한 유혹 따위가 막을 수 없었다.

TV 하나 없던 작은 발코니에서 살던 생활에 빗대어서 오랜만에 한국 예능 프로그램을 보며 나눴던 무엇보다 따뜻했던 가족들과의 대화.
그 호의에 보답하기 위해서라도.

집 앞 호수에서 노을이 이모랑 나눴던 삶에 대한 이야기와 함께 먼 훗날 노을이 이모가 성공해서 사준다는 요트를 받기 위해서라도.
나는 그렇게 다시 돌아올 것을 약속했다.

스타벅스 1호점에서
먹는 커피의 맛은! 똑같다!

34번째 감정

– 카렐교에서의 야간 누드 질주(그 나라의 문화 속으로 3)

현지인들도 경험해 보기 힘들다는 카렐교에서 누드 질주.
내 심장은 터져버릴 것 같았고
그 소리는 돌아가는 기차 안에서까지 줄어들지 않았다.

야경이 예쁘다는 체코에서 야간 기차를 타기 전에 카렐교에 들러 저 멀리 다리 너머로 보이는 프라하성의 아름다운 경치를 감상했다.

그때, 갑자기 한 사람이 다리 중앙에서 옷을 벗어 던지고 환호하는 것이 아닌가. 저게 무슨 미친 짓이지 하는 생각이 들 찰나, 한 사람이 시작하자마자 마치 미리 계획했다는 듯이 여러 사람이 우르르 모여들어 너도나도 옷을 벗기 시작하는 것이었다. 그러면서 옷을 벗은 외국 남자가 주변 관광객들에게 함께하자는 유도의 신호를 보냈고 심지어 우리의 손까지 잡아 이끌었다.

'왜 부끄러움은 나의 몫인가?'라며 좋지 않게 생각했던 나도 마음이 점점 이끌리고 있었다.

옆에 있던 현지인이 "카렐교에서 옷을 홀딱 벗고 소리치며 다리를 건너는 문화가 있다고 들어 봤지, 실제로는 처음 본다."라고 하는 것이었다.

하루만 머무는 그 날, 심지어 떠나기 몇 시간 전에 벌어진 이런 진기한 광경을 놓칠까 봐, 지금 아니면 할 수 없다는 그 생각이 드는 찰나에 과감히 바지를 벗고 윗옷을 벗어 던졌다. 부끄러움에 차마 팬티까지 벗진 못했지만, 그렇게 출발점에 모여 왜 하는지 이유도 모른 채로 함께 소리치며 다리를 건너갔다.

10분이 지났을 때쯤, 갑자기 분위기가 어수선해졌다. 한순간 정적이 흘렀다. 경찰이 들이닥친 것이다. 사람들은 자기 옷을 챙겨 도망

가기 바빴고, 나도 질세라 있는 힘껏 도망쳤다. 다행히 경찰이 왔던 것은 제재를 하기 위함이지, 체포하기 위해서 온 것은 아니었다. 하지만 체포될까 봐 조마조마해 하며 슈퍼마켓에서 팬티만 입은 채로 숨어 있던 기억이 난다.

뭔가 해냈다는 그 짜릿함, 나 자신을 이겨냈다는 용기에 내 심장은 터져버릴 것만 같았고, 야간 기차를 타는 내내 내 심장의 소리는 줄어들지 않았다.

설렘

여행 속에서 느끼는 다양한 감정인 기쁨, 환희, 신기함의 모든 감정을 포용할 수 있는 한 단어, 설렘.

가슴이 쿵쾅쿵쾅 뛰며, 때로는 사람에게서 느끼는 따뜻한 마음이 전해지며 또 한편으로는 거대한 자연 속에서 느낄 수 있는 이 충만함.

35번째 감정

– 동화 속에 있는 듯, 꿈꾸는 듯, 마다가스카르 바오바브나무

동화 속에 들어와 있는 듯한 이 기분.
마치 꿈을 꾸고 있는 것만 같다.

마다가스카르. 이름만 들어도 가슴이 쿵쾅쿵쾅 뛰는 그런 곳이다. 나는 어렸을 적에 부모님의 손을 잡고 애니메이션 영화 〈마다가스카〉를 보러 갔는데 사자, 얼룩말 등 다양한 동물이 신나게 춤추고 노래를 부르는 장면이 어린 내게는 신선한 충격이었다. 그 기억 때문인지 아프리카에 가기로 마음먹었을 때 가장 눈에 띈 곳은 세계 지도 맨 밑에 홀로 떨어져 있는 마다가스카르였다.

여행에서 마다가스카르는 내가 가 보고 싶은 1순위 나라였다. 아프리카를 종단한 후, 남아공에서 나와 마다가스카르를 거쳐서 아시아 쪽으로 제일 가깝고 싼 인도로 가는 티켓을 미리 구매했을 정도로 여기만큼은 꼭 가고자 하는 의지가 대단했다.

마다가스카르에 가기에 앞서, 내가 가 본 나라는 40여 개국이었지만, 누군가가 "그동안 다녀왔던 곳 중에서 어디가 제일 좋았어요?"라고 물었을 때는 딱 한 군데를 꼬집어서 말하기가 힘들었다.

그렇게 가기 힘든 마다가스카르에서 내가 계획한 일정은 단 3일이었다.
마다가스카르에 가자마자 바오바브나무를 볼 수 있을 거라는 착각과 함께 3일이면 바오바브나무를 느끼기에 충분하리라고 생각했다. 하지만 그 생각은 큰 오산이었다. 우리나라 크기만 한 땅덩어리

에서 바오바브나무를 보러 가기 위해서는 도심에서 한참 내려가야 했다. 버스를 타는 시간만 15시간 이상이었다. 여행 둘째 날에 야간 버스를 탈 계획이었던 나는 버스가 없다는 것을 알고 살면서 한 번도 오기 힘든 마다가스카르에 와서 바오바브나무를 못 볼 수도 있다는 사실에 그렇게 허무할 수가 없었다. 그러나 다른 교통편을 알아봤을 때 다행히도 1시간 만에 갈 수 있는 소형 비행기가 운행 중이라는 것을 알게 되었다. 가격은 30만 원이었다. 마다가스카르에서 다음 행선지인 인도까지 가는 비행기 푯값도 30만 원보다 적었는데. 그러나 선택의 여지가 없었다. 돈 한 푼에 아쉬워했던 나지만 결론적으로 그 투자는 성공이었다.

　새벽 일출과 함께 맞이한 바오바브나무는 마치 동화를 읽듯, 동화 속 한 장면에 빠져드는 듯한 기분을 느끼게 해 주었다. 나보다 몇백 배는 큰 크기의 나무들이 모여 있는 그 배경을 나는 멍하니 바라만

봤다. 나무의 숨결을 느끼며 바오바브나무의 고유한 향기에 빠져 나는 그곳을 진정으로 느끼고 있었다. 누군가는 기대하면 할수록 실망이 크다고도 하지만, 여기에서만큼은 그동안 내가 쏟아부었던 기대가 부족할 정도였다. 아마 내 인생에서 경험한 가장 아름다운 일출이라고 자부할 수 있다.

내 인생에서 가장 아름다운 일출, 마다가스카르 바오바브 거리

이제는 누군가가 나에게 여행 가 본 곳 중에서 어디가 가장 좋았냐고 묻는다면 고민 없이 답할 수 있다.

"마다가스카르 바오바브 거리."

36번째 감정

– 때 묻지 않은 그 모습, 그대로의 레소토

아프리카에서 가장 편안했던 곳.
살면서 들어보지도 못한 이런 나라에
와 볼 수 있었다는 것에
다시 한번 감사하는 마음을 가져 본다.

우리나라 여권은 전 세계에서 손꼽을 정도로 외교적으로 참 유용하다. 무려 189개국이나 무비자 협정국 체결을 하여 우리나라 여권을 가지고 있다면 웬만한 나라는 여행하는 데 부담이 없을 정도이다. 하지만 모든 나라가 그런 것은 아니기에 만약 협정국이 아니라면 비자를 얻기가 까다롭고 비용도 많이 지불해야 한다. 그중 한 나라가 아프리카에서 유명한 나미비아다. 〈꽃보다 청춘〉에 방영되어 사막으로 더 이름난 곳이다. 이 나라에 가기 위해서는 한국에서 10만 원이 넘는 돈을 주고 비자 대행을 맡기거나 주변국의 대사관에 들러서 많은 신청서를 작성한 후 며칠을 기다려야 비자를 얻을 수 있다. 나 역시 나미비아에 가고 싶었지만, 그럴 돈이나 여유가 없었기에 빨리 포기하고 다른 나라로 눈길을 돌렸다. 지도를 펼쳐서 남아프리카 공화국에서 가장 가까운 곳을 찾아보니 살면서 한 번도 들어 본 적이 없는 레소토라는 나라가 있었다. 그래서 오히려 더 호기심이 생겼다. 그곳에 대해 정보를 찾던 중, 말레추냐네 폭포가 유명하다는 것을 알게 되었고 오로지 그 목적지 하나만을 바라보고 길을 나섰다. 다행히 남아프리카 공화국 '블룸폰테인' 버스정류장에서 레소토 '세몬콩'까지 운행되는 버스가 있어서 곧장 출발할 수 있었다.

도착 후, 말레추냐네 폭포로 가는 길.

방향만 알뿐, 가이드도 없이 혼자 가려니 그냥 자연 그대로의 모습에 어려움을 겪었다. 유명 관광지처럼 길이 만들어져 있는 것도 아니었고 길을 알려 주는 표지판조차 없었다. 푸른

폭포수는 받아먹어야 제맛이지!

들판에는 키우는 양이 아닌 진짜 야생의 양 떼들이 우르르 몰려다니고 있고 옆에는 농사를 짓고 있는 마을 사람들이 보이고 골목에는 당나귀에 짐을 싣거나 이동 수단으로 타고 다니는 모습까지 볼 수 있었다. 그때 내 눈에 들어오는 아이들이 있었다. 초등학생 정도 되어 보이는 남자아이와 그 여동생. 남자아이는 여동생이 힘들까 봐 걱정하며 동생을 당나귀에 태워 어딘가로 향하고 있었다. 그 어린 나이에 여동생을 걱정하는 모습이 얼마나 기특하게 보이던지, 살며시 다가가 방긋 웃으며 길을 물어봤다.

이게 바로 진짜 자연 속에 녹아든 모습이랄까

영어가 어눌했던 남자아이는 내 말을 알아듣는지, 못 알아듣는지 폭포 모양의 바디랭귀지를 취하는 나의 모습을 보고 그냥 웃으며 자기를 따라오라고 했고, 그렇게 같이 1시간 반을 걸어가며 대화를 나눴다. 솔직히 말하자면 서로 대화는 통하지 않았지만, 마음은 통했다고 해야 할까. 그때 그 아이의 진심 어린 마음이 고스란히 내게 전해졌다. 폭포에 도착해서 나를 위해 열정적으로 사진을 찍어 주는 이 친구. 이 친구는 하나라도 더 얻고자 하는 자기 이익을 위해서가 아니라 진심을 다해서 나를 도와주려고 다가왔던 것이었다. 이윽고 헤어질 시간이 다가오자 해맑게 손을 흔드는 친구를 보며 오히려 내가 도와주고 싶어졌다. 가이드를 고용해서 가는 비용 1만 원조차 아까워서 혼자 가려고 했던 나인데, 내가 가지고 있던 모든 현금인 2만 원과 함께 내 명함을 주며 언젠가 나에게 메일로 연락해 주길 바랐다.

일일 가이드, 레소토에서 만난 내 동생

통신도 연결되지 않는 그 마을에서 과연 연락이 올까?

아프리카에서 가장 편안했던 곳.

이런 곳에 와 볼 수 있었다는 것에 감사하고 많은 점을 느낄 수 있었다는 것에 감사한다.

37번째 감정

– 동유럽은 사랑입니다

상상만으로도 시들었던 사랑의 꽃이 다시 피어나는 그런 곳.
동유럽은 사랑입니다.

한국에도 여러 저가 항공이 생겨나면서 사람들이 유럽 여행에 많은 관심을 두게 되었다. 좀 더 손쉽고 싸게 갈 수 있는 유럽으로 사람들이 많이 떠나기도 한다. 유럽 여행의 인기 코스는 크게 동유럽, 서유럽, 북유럽으로 나눌 수 있다. 가장 유명한 영국, 프랑스, 스페인 루트의 서유럽부터 핀란드, 노르웨이 등 비싸지만 여유와 자연을 만끽할 수 있는 북유럽. 그리고 마지막으로 내가 추천하는 동유럽이 있다. "동유럽은 사랑입니다."라는 표현까지 있을 정도로 도시의 각 골목이 아름답고 사랑이 넘치는 곳이다.

유럽 전역의 다른 나라와 비교해 보면 저렴한 물가로 경제적인 부담이 적고, 특히 사람들의 친근함, 여유로움을 느낄 수 있어서 특정한 목적지 없이 걸어만 다녀도 골목 사이의 매력에 흠뻑 빠지는 곳이다. 더구나 이곳은 유독 사랑하는 연인들이 많이 찾는 곳이기에 사랑하는 사람과 사랑스러운 여행지를 온다는 것만큼 사랑의 감정을 더 느끼기 좋은 방법은 없지 않을까 하는 생각도 든다.

그렇게 나는 미래에 신혼여행지로 다시 오고 싶은 곳을 동유럽으로 정했다.

체코의 황색 지붕의 아름다움을 느끼는 것을 시작으로 헝가리의 아름다운 야경에 빠져 보고 〈아바타〉의 모티브가 된 크로아티아 플리트비체에서 자연의 향기를 맡으며, 마지막으로 지중해의 작은 섬의 깎아지른 절벽 위에 옹기종기 흰빛, 푸른빛을 내는 건물들이 모여 마을을 이룬 그리스 산토리니에서 여행을 마무리하는 것이다.

상상만으로도 벌써 시들었던 사랑의 꽃이 다시 피어나는 듯한 기분이 든다.
비록 지금은 혼자이지만, 그리스 산토리니를 산책하면서 특히 신혼 스냅 사진을 찍는 사람들의 모습을 보며 부러움에 눈을 한 번 감아 본다.

내가 사랑하는 사람과 함께 사진을 찍을 날을 기대하며.

38번째 감정
– 화이트 크리스마스? 아니, 핫 크리스마스!

크리스마스가 더운 여름이라는 것.
그보다 더 중요한 것은 성탄과 연말이 비수기일 정도로
그들은 오로지 가족과 함께 그 시간을 보낸다는 것이다.

우리는 너무 뻔한 고정관념 속에서 살아간다. 개학 시즌에는 길 위로 벚꽃 잎이 흩날리는 것을 기대하고, 여름방학 시즌에는 시원한 아이스크림을 먹으며 물놀이를 준비하며, 크리스마스에는 눈이 오길 바란다. 특히 크리스마스는 전 세계의 축제인 만큼 산타할아버지가 따뜻한 빨간색 옷을 입고 빨간 털모자를 쓰고 선물을 나눠주는 것을 기대하는 것처럼, 나는 전 세계인들 모두가 눈이 오는 크리스마스를 기대할 줄 알았다. 하지만 우리나라와 정반대의 날씨를 가진 호주에서 크리스마스가 다가왔을 때는 이곳이 여름일 것이라는 것을 전혀 인지하지 못했다.

무더운 11월 말. 크리스마스가 다가오기 한 달 전부터 거리 곳곳은 알록달록한 불빛으로 꾸며졌고 크리스마스 분위기를 한껏 더하는 트리가 여기저기에 세워졌다. 나는 그때 비로소 크리스마스를 실감했다. 이곳은 여름의 크리스마스였다. 생각만 해도 너무 어색했다.

그러나 여름의 크리스마스는 자주 오지 않는 기회였다. 아니, 어쩌면 평생 한 번이라도 경험해 볼까 싶은 기회였다.

그래서 이런 크리스마스를 좀 더 의미 있게 보내고 싶었다. 어디를 가야 여름 크리스마스의 분위기를 느낄 수 있을까를 고민했다. 여름 하면 떠오르는 것? 물놀이? 정답은 바다였다. 사람들은 푸른 바다 빛깔과 대조되게 온통 빨간색으로 드레스코드를 맞춰서 크리스마스를 즐기고 있었다. 그 푸른빛과 붉은빛이 어우러져서 마치 우리나라의 태극무늬를 보는 것처럼 한 폭의 그림을 이루었다. 그렇게 나는 외국 친구들과 사진을 찍으며 함께 "메리 크리스마스!"를 외쳤고 언제 겨울에 크리스마스를 보낸 적이 있었느냐는 듯, 누구보다 재밌게 이 순간을 즐기고 있었다.

여름이라는 다름 속에 숨겨진 한 가지 놀라웠던 사실은 호주의 크리스마스는 친구, 연인과 보내는 것이 아니라 대부분 가족과 함께 보낸다는 사실이었다. 그러므로 오히려 활발할 줄 알았던 술집, 클럽은 일찍 문을 닫는 경우가 대부분이어서 다시 한번 각국의 문화 차이에 대해 신기함을 느꼈다. 오히려 이런 점이 부러웠다. 크리스마스에 일하거나 술자리에 참여하기 바빴던 나 자신을 반성하고 가족의 소중함을 다시금 깨닫게 된 좋은 시간을 가지게 되었다.

크리스마스에는 산타와 함께

39번째 감정

– 대자연 속으로, 뉴질랜드

어마어마한 세상 속, 이 거대한 대자연 속에서 나는 무엇일까?
그 속에서 '겸손'이라는 단어를 배우게 된다.

호주를 떠나서 시작된 뉴질랜드 여행.

뉴질랜드 하면 딱 떠오르는 단어인 '대자연'이라는 수식어를 느끼는 데는 단 1초면 충분했다.

우리나라에서 해외여행을 가려면 반드시 공항에 들러야 한다. 이러한 공항을 묘사했을 때 나는 복잡한 느낌을 많이 받았다. 사람이 북적이고 긴 줄과 함께 나는 언제 체크인을 해야 할지 하염없이 기다리며 약간의 설렘과 들뜬 마음으로 여행 목적지를 떠올리는 그런 마음.

혹여나 목적지에 도착해서 공항의 출입구를 나설 때는 수많은 차들 앞으로 오가는 택시의 호객 행위, 분주하게 움직이는 사람들의

공항 출구에서 발을 내딛자마자 볼 수 있는 현실 속 뉴질랜드

정신없는 모습을 상상하게 된다. 하지만 대자연의 뉴질랜드라는 말이 그냥 나온 게 아닌 만큼, 뉴질랜드 퀸스타운 공항은 내 예상과는 달라도 너무 달랐다.

　뉴질랜드에서 유명한 남섬에서 가까운 퀸스타운 공항에 내리자마자 이곳이 공항 앞이라고는 전혀 느끼지 못할 만큼 아름답게 펼쳐진 풍경에 나는 깊이 매료되었다.

사진만 봐도 바다표범의 아우성과 시원한 폭포의 소리가 내 귓가에 울린다

　마침 시기도 잘 맞아서 퀸스타운은 온종일 해가 떠 있다고 봐도 무관했다. 오후 11시에 해가 지고 6시간만인 오전 5시에 다시 해가 뜨니 퀸스타운의 하루는 참 길었다. 그렇게 밝음의 도시라는 애착이 생겨났고 퀸스타운은 내 가슴 또한 환하게 비춰 주는 그런 도시로 내 마음속에 자리 잡게 되었다. 그리고 여기 남섬에서의 마지막 하이라이트로 호수를 구경하는 밀퍼드 사운드에 방문했다.

　밀퍼드 사운드는 천혜의 자연이 깎아낸 장대한 전망으로 약 1만 2천 년 전의 거대 빙하에 의해서 1,000m 이상 수직으로 깎인 피오르 지형이다.

이 거대한 자연 앞에서 나는 말을 잃었다.

어마어마한 세상 속, 거대한 대자연 속에서 나는 무엇일까? 그 속에서 겸손이라는 단어를 배우게 된다.

추가로, 퀸스타운에서 밀퍼드 사운드로 가는 좋은 방법을 소개한다.

퀸스타운은 엄청 작은 도시이기 때문에 시내 한 바퀴를 짧은 시간 안에 둘러볼 수 있다.
퀸스타운 시내의 절반은 투어 회사라고 봐도 될 정도여서 여행사를 둘러보며 흥정하는 재미까지 있다.
따라서 여행사를 통해 밀퍼드 사운드 하루 당일치기 투어를 할 수 있으며, 크루즈를 타고 호수를 한 바퀴 둘러볼 수도 있다.

40번째 감정
- 별

어두컴컴한 밤,
나의 앞길을 밝혀주는 그 별빛.
나도 그 별빛처럼 묵묵히 다른 사람을 위해서
도움을 주는 사람이 되길….

어두운 밤중에 밤하늘에 무수히 비치는 아름다운 별빛, 네온사인. 어둠 속에서 마치 한 줄기의 희망을 내뿜는 듯이 밝게 빛이 비쳐 오는 그 매력 때문에 다들 야경을 찾아다니나 보다.

누군가는 이렇게 묻는다.

"여행 다니면서 가장 아름다웠던 야경은 어느 곳인가요?"

안타깝게도 나는 야경과 거리가 멀었다. 교통비를 아끼기 위해 주로 야간 교통수단을 이용해서 이동하기 바빴고 그마저도 아닐 때는 와이파이를 찾아다니며 블로그를 작성하기에 바빴다. 그러나 그런 나에게도 우연히 야경의 매력으로 나를 사로잡은, 지금도 눈을 감으면 살며시 별빛이 비치는 그런 황홀한 분위기가 느껴지는 가슴 한 공간에 자리 잡은 추억이 있다.

케냐 나이로비에서 탄자니아로 넘어가는 약 15시간 동안의 이동 시간이 소요되는 버스를 타고 가는 중이었다.

그때의 시각은 23시였다. 대부분 버스에서 잠을 청하고 있을 시각이었다. 그런데, 갑자기 시동 소리가 꺼지더니 안에 있던 직원들이 바삐 움직였다. 차가 퍼진 것이다. 아프리카의 버스에서는 흔히 있는 일이라고 해서 '뭐, 곧 가겠지'라고 생각하며 다시 잠을 청하려던 찰나, 갑자기 내부를 검사해야 한다며 다들 내리라고 했다. 잠이 덜

깬 피로감에 귀찮아하며 차에서 내리는 순간 눈이 부신 별빛에 나는 말을 잊지 못했다. 그곳은 시골 농촌 마을이었다. 불빛 하나 보이지 않는 그런 마을을 아름답게 비춰 주는 수많은 별빛이 있었다. 하늘에 떠 있다는 표현보다는 바다 빼고는 모조리 사방에서 별이 보이는 것 같았다. 하늘을 바라보는 게 아니라 발끝까지 다가오는 별빛. 그런 반짝이는 별빛만으로도 그 도시의 정을 느낄 수 있을 만큼 내 마음에 그 따뜻함이 고스란히 전해졌다.

그렇게 묵묵히 차가 퍼진 것도 잊은 채로 나는 1시간 동안 멍하니 하늘만을 바라봤다.

41번째 감정

– 여기서 만큼은 인기 스타

감사하다는 말을 내뱉기보단
감사하다는 말을 듣도록.

나의 어렸을 적 꿈은 농구선수가 되는 것이었다. 그것도 유명한 농구선수.

초등학교 3학년, 농구 경기를 보러 갔다가 경기장 앞에서 드리블하며 지나가는 나의 모습에 농구부 코치님이 감탄하며 스카우트를 한 적도 있었고 또 리틀 농구단 소속으로 활동했을 때 프로 구단의 농구 캠프를 갔다가 감독님께서 육성 선수로 키워 보자는 말까지 하셨으니까, 사실 재능은 있었다고 생각한다. 그러면서 많은 꿈을 꿨다. 유명한 농구선수가 되기에 앞서서 인터뷰를 하는 연습을 하고 사인회에서 악수를 하며 몇천 명, 몇만 명을 위해 사인해 주는 그런 상상.

현실의 벽이 높았기에 결국 포기하고야 말았지만, 그 꿈과 비슷한 상황이 지금 여기, 내게 찾아왔다.

인도부터 아프리카 그리고 남미까지.

가는 곳마다 마치 내가 유명인사라도 된 듯, 너도나도 나에게 다가와 사진 세례가 빗발쳤다. 이런 관심이 매우 좋았다. 더구나 사진 한 장에 기분 좋아하는 모습을 보며 내가 그 사람들을 위해 크게 도운 것 하나 없었지만, 행복감을 전달해 줄 수 있다는 생각에 너무 뿌듯했다.

단지 그 행복한 마음에 오히려 남들에게 마치 우승 퍼레이드라도 하는 것처럼 내가 먼저 인사를 건네기도 하며 그 기분을 만끽했다.

　남미에서는 그런 사진 세례까지는 아니었지만, 길거리를 다닐 때마다 현지인들이 나를 유독 신기하다는 듯이 쳐다보았다.

　그러다가 문득 콜롬비아 몬세라트 언덕에서 혼자 멍하니 전경을 바라보며 감상에 빠져있을 때쯤, 어떤 미국 친구가 다가와서 "내 친구가 너한테 관심 있어 한다."라는 말을 내게 전해 주었다.

　대부분 스페인어를 쓰는 남미라서 의사소통이 쉽지 않았지만, 다행히 미국 친구가 스페인어를 할 줄 알았기 때문에 그 친구가 중간에서 영어로 통역사 역할을 해 주었다. 덕분에 나에 대한 수많은 관심을 주제로 많은 대화를 나눌 수 있었다.

　하지만 당장 내일 콜롬비아를 떠나야 하는 나의 슬픈 상황 속에 먼저 "안녕."이라는 인사말을 건넸다.

　마지막으로 그 친구는 나와 함께 사진을 남기고 싶다고 속삭였다.
　진한 볼 키스와 함께.

42번째 감정

– 시작과 마무리의 교차, 다시 돌아온 쿠알라룸푸르

시작과 마무리, 위치는 같지만 달랐던 발자국의 깊이.
감회가 색다르고 그 기분은 말로 표현할 수 없었다. 그 긴 시간 동안
나는 많은 걸 배우고 느꼈으며 더 발전했다고 믿어 의심치 않는다.

시작과 마무리 위치는 같지만, 발자국의 깊이는 달랐다

　호주로 떠나는 여행의 출발점에서의 일이다. 나는 말레이시아 쿠
알라룸푸르를 반나절 정도 경유하는 일정을 짰다. 이 상황에서 내
게 주어진 10시간 정도의 여유 시간을 그냥 공항에서 헛되이 낭비
할 수는 없었다. 혼자 하는 여행의 첫 시작이었던 만큼, 설렘을 가
슴속에 묻은 채로 한 손에는 관광 지도와 한 손에는 자신감을 붙들
고 쿠알라룸푸르의 랜드마크인 쌍둥이 빌딩을 보기 위해서 길을 나
섰다. 우리나라와 다른 거리의 풍경부터 피부색이 다른 사람들과
수많은 관광객에게 둘러싸이자 모든 게 새로웠다.

　그렇게 맛집이라고 소문난 곳에서 식사하고 시간이 좀 남자, 영화
도 한 편 보는 여유까지 생겼다. 출발이 좋았고 모든 게 순조로웠다.

　마무리는 쌍둥이 빌딩에서의 사진 촬영이었다. 앞으로의 건강과
행복을 기원하며 나 자신을 격려했다.

그 후 1년 5개월이 지난 시점.

그 당시는 어쩌면 이 긴 여정의 출발점이라고 할 수 있는 시기였지만 지금은 여행을 마무리하는 시기에 다시 이곳을 찾게 되었다.

추억 속에 잠겨 지나왔던 이 길을 다시 한번 걸어 본다. 모든 게 새롭고, 어색했던 1년 전의 이 거리를 이제는 당당하고 씩씩하게 한 발, 한 발 내딛고 있다.

감회가 색다르고 그 기분은 말로 표현할 수가 없었다. 그동안의 긴 시간 동안 나는 많은 걸 배우고 느꼈으며 더 발전했다고 믿어 의심치 않는다.

수고했다, 현익아. 정말로.

여행의 묘미라고 하면, 언제, 어디서 일어날지 모르는 톡톡 튀는 다양한 경험들을 꼽을 수 있다.

모든 것이 계획한 대로 이루어졌다면 좋았겠지만, 그렇게 되지 않았던 점들이 지금 와서 되돌아보면 오히려 인상적으로 남았고 더 소중한 추억이 되었다.

물론 그 순간에는 어쩔 줄 모르겠고 두려우며 당황스럽겠지만, 이런 감정이 나중에는 더 진하게 추억의 향기로 남을 것이다.

계획대로만 된다면 얼마나 좋을까 싶으면서도 그렇게 된다면 뭔지 모를 심심함으로 남게 되진 않을까?

43번째 감정

– 비행기 표보다 비싼 NBA 티켓을 사기당하다

되돌릴 수 없다면 그냥 즐기자.
지나간 일에 대해 후회는 사치일 뿐이다.
그냥 눈 딱 감고 잊어버리자.

어렸을 적에 농구선수를 꿈꿨던 나에게 있어서 NBA라는 최고의 농구 리그를 직관한다는 것은 정말 꿈같은 일이었다. 미국에 갈 수만 있다면 비싼 값을 주더라도 현재 최고의 농구팀인 '골든 스테이트'의 경기만큼은 꼭 보는 게 내 소원일 정도였다.

그런데 내가 미국에 가는 시기는 마침 농구 시즌이었고 우연히도 내가 뉴욕에 있을 때 골든 스테이트와 뉴욕 닉스 간의 경기 일정이 잡혀 있었다. 여행하면서 미국에서 NBA 한 번, 영국에서 프리미어 리그 한 번은 꼭 내 시간과 돈을 투자해서 경기를 보겠노라 다짐했던 나는 경기 한 달 전에 'stubhub'라는 사이트에서 경기 티켓을 두 장에 560달러(한화 65만 원)에 구매했다.

한국의 운영 방식과는 다르게 갑자기 사이트에서 해당 티켓은 실물로 배송해 준다고 했다. 의아하긴 했지만, 바코드가 찍힌 종이 같은 걸 받을 수 있었다. 난 그것이 당연히 티켓이라고 생각했고 별 준비 없이 그 종이만 챙긴 채로 경기장에 도착했다. 하지만 그 종이는 티켓이 아니라 영수증 같은 종이일 뿐이었다.

메일, 사이트 등 어딜 접속해 봐도 티켓 같은 건 찾아볼 수가 없었다. 예매한 자리도 알고 있고 영수증도 있는데 티켓 바코드가 없어서 못 들어간다니? 너무 억울하고 답답했다. 경기장 직원들은 그 문제는 이곳과는 전혀 상관없다고 하며 티켓 사이트에 문의 전화를 해 보라는 대답만 해 주었다. 하지만 티켓 사이트 쪽에서는 전화도,

"나 티켓 사기당했어!"

1 대 1 문의도 받지 않는 상태였고 그렇게 계속 방법만 찾던 중에 1쿼터가 끝나버렸다.

경기 전 행사, 경기 시작 등 모든 걸 놓친 억울함과 날려버린 돈, 시간은 어떻게 하란 말인가.

그래도 일단은 여기에 온 이상 경기를 보기로 했다. 내가 구매했던 티켓은 잠시 접어두고 다행히 현장 티켓을 저렴하게 구매할 수 있어서 그걸로나마 2쿼터 중반부터 진행된 경기를 볼 수 있었다. 사실 경기 분위기에 압도되긴 했지만, 불안하고 답답한 심경은 여전히 남아있었다. 내가 예약했던 자리에 찾아가 보니 다른 누군가가 앉아 있었고 심지어 그는 그 자리의 티켓을 멀쩡히 가지고 있었다. 티켓에 대해 좀 더 알아봤어야 했는데… 그러나 후회해 봤자 어떻게 할 방법이 없었다. 그래서 그냥 그 순간은 딱 잊고 경기를 즐겼다.

경기 종료 후 고객 센터에 정황과 증거 자료를 제출하고 물어보니 보상 제도로 환불이 가능할 것이라고 했다.

서류도 넣었으니 시간이 지나 봐야 결과를 알겠지만, 그 당시에는 정말 억울하고 답답함이 복받쳤다.

그 이후로 한 달 동안 고객 센터와 메일을 수없이 주고받았다. 처음에는 환불이 안 된다고 잡아떼기에 수없이 항의했지만, 결국 환불

대신 내게 돌아온 건 100달러(한화 11만 원)짜리 티켓 상품권이었다.

그러나 이미 미국을 떠난 내가 그 티켓 상품권으로 할 수 있는 건 없었다. 그저 허탈한 마음으로 웃을 뿐이다. 휴.

44번째 감정

– 맨체스터까지 가서 축구 경기를 못 볼 뻔한 사연

정해진 규율 속에서
단지 내 욕심으로 바꿀 수 있는 것은 없다.
이기적인 나의 욕심 때문에
정해진 규율을 바꾸려 들지 말자.

내가 생각하는 최고 농구 리그는 NBA다. 사실 축구는 최고 리그를 하나만 선별하기가 힘들지만, 우리에게 가장 친숙한 리그는 박지성 선수가 뛰었던 맨체스터 유나이티드와 손흥민 선수가 현역으로 뛰고 있는 토트넘이 속해 있는 영국 축구 리그인 EPL(England Premier League)일 것이다. 그럼 또 하나의 내 버킷리스트를 위해서 유럽에 왔다면 EPL 직관은 해 줘야 축구 좀 봤다고 할 수 있지 않을까.

미국 농구 티켓을 사기당하고 나서 비용적으로 부담이 커졌다. 원래는 손흥민 선수가 직접 뛰는 런던 웸블리 스타디움에 가 보고 싶었지만, 순위권 경쟁이 심했던 첼시와의 빅 경기가 있었기 때문에 제일 싼 티켓의 가격이 약 40만 원을 웃돌았다. 그나마 다행이었던 것은 같은 날 박지성 선수의 옛 고향인 맨체스터에서 기성용 선수가 뛰는 스완지시티와 맨체스터 유나이티드 간의 경기가 있다는 사실이었다.

경기 시작 시각은 오후 3시인데, 전날에 급하게 버스를 예약하려고 보니 때문에 오후 3시 30분에 도착 예정인 단 하나의 버스밖에 남지 않았다.

차마 70파운드라는 거금을 내고 기차를 예약할 엄두가 안 났기 때문에 후반전이라도 보기 위해서 버스를 예약했고 경기 당일에 5시간 정도 걸려서 맨체스터에 도착했다. 오로지 경기장을 둘러보며 경기를 한 번 관람한다는 자체만으로도 나에게는 큰 영광이었기 때문에 티켓조차 예매하지 않은 상태였다. 사실 티켓에 사기를 한 번 당한 경험이 있어서 불안하기도 했고 경기 시간이 지났을 때 암표가 급속히 저렴해진다는 소식을 들은 것도 또 하나의 이유였다. 경기장에 도착했을 때는 전반전이 끝나 있었고, 그 누구도 티켓을 판매하지 않았다. 티켓 오피스조차 매진이라며 티켓을 판매하지 않는 상황이었다. 오직 축구 경기 관람을 위해 약 5시간을 달려온 곳이고 심지어 축구가 끝나면 또 곧장 떠날 맨체스터인데 이렇게 경기를 소리로만 듣기에는 너무나도 허무했다. 야속하게도 시간은 기다려주지 않았고 어쨌든 후반전이 시작되었다. 나는 졸지에 맨체스터까지 와서 경기도 못 보고 돌아가야 할 상황에 놓였지만, 마지막으로 최선을 다해 경기장 이곳저곳을 뛰어다니며 이 사람, 저 사람에게 티켓을 구할 수 있냐고 물으며 다녔다. 경기장 너머로 들리는 관중들의 함성은 나를 더 미치게 만들었다.

그때 경기장을 유유히 나오는 천사 같은 한 축구 팬이 나에게 다가와 "나는 일이 있어서 가봐야 해. 이것은 사용했던 티켓이지만, 이걸로 어떻게 알아서 해 봐."라며 도움을 주는 것이었다. 정말 감사하다며 "Thank you!"를 한없이 외친 후 곧장 경기장으로 향했다.

티켓을 검사하는 곳에서는 당연히 사용된 티켓이라며 입장이 불가하다고 했지만, 최대한 불쌍한 표정을 지어서 핑계를 대며 거짓말을 조금 보태서 그에게 사정했다.

"경기를 보다가 잠깐 친구가 불러서 나갔는데, 다시 들어가려고 한다."에서부터 "경기 시간이 얼마 남지 않았는데 지금 어떻게 확인

할 수 있는 다른 방법이 없다."라는 등의 말을 하며 거의 울 듯한 표정으로 애원하자 내 진심이 통했는지 책임 담당자가 몰래 뒷문으로 나를 들여보내 줬다. 마치 다 안다는 듯한 표정이었는데 그래도 내가 딱해 보였는지 웃으며 다음부터는 그러지 말라고 말해 주었다.

그렇게 내가 경기장에 들어갔을 때는 후반 20분을 향하고 있었다. 정말 다행스럽게, 남은 25분이라도 세계 최고의 경기장에서 축구를 관람할 수 있는 것에, 또 선수들을 가까이에서 보며 그 경기장의 열기를 느낄 수 있었던 것에 감사했다.

또한, 당연히 옳지 못한 행동이었기에 반성하며 도움을 주신 분께 다시 한번 감사드린다.

맨체스터 유나이티드 흥해라!

"나 공짜로 들어왔어!"

45번째 감정

– 운이 좋다고 할 수 있을까

단정 짓지 말자.
언제, 어디서 변수가 생길지 모른다.

보다 싼 교통비를 위해서, 혹은 혹시라도 내가 원하는 날짜에 가지 못할까 하는 이유로 대부분 사람들이 교통편을 미리 예약한다. 나 또한 같은 이유로 미리 버스를 예약했지만, 미국에서 아이비리그를 투어할 때 기어코 사단이 일어났다. 다트머스 대학교를 견학하기 위해 보스턴에서 하노버까지 약 5시간 정도 걸려 도착하는 버스에 탑승했는데, 심지어 중간에 한 번 환승도 해야 했다. 하지만 나는 그 사실을 인지하지 못했고, 도착 시각이 다가왔을 때 갑자기 여권을 검사한다는 생뚱맞은 소리를 듣게 되었다. 갑자기 여권이라니? 국내 버스에서 신분증이 아닌 여권을 검사하는 경우는 들어보지도 못한 생소한 일이었기 때문이다.

마침 밖을 보니 그곳은 공항이었고, 육로를 통해 이제 캐나다로 넘어간다는 설명을 들었다. 나는 망연자실했다. 촉박한 일정에 맞추다 보니 내가 다트머스 대학교에서 머무는 시간은 단 2시간밖에 없어서 그 시간마저 짧다고 느꼈었는데 이 상황으로 인해 아예 갈 엄두를 내지도 못하게 된 것이었다. 심지어 당장 내일부터 내일의 계획에 맞춰서 버스나 숙소를 다 예약했기 때문에 하나라도 틀어진다면 모든 게 차질이 생길 수 있는 상황이었다. 그렇다고 해서 캐나다에 갈 수는 없으니 일단 여기서 내려서 멍하니 서 있었는데, 버스 기사님께서 "왜 아까 갈아타는 곳에서 안 내렸느냐?"라고 물어보셨다.

탑승 전에 버스 기사님에게 여기 가는 게 맞느냐고 물어봤기 때문에 버스 기사님은 날 기억하고 있었고 잠시 옆 버스 기사와 이야기하시더니 넌 정말 운이 좋다며 네가 가려는 곳에 가는 버스가 있다고 했다. 그 옆 버스의 기사님한테 "애 좀 데려다줘라. 너의 베스트 프렌드가 될 거다."라고 말해 주셨다는 것이다.

행운이 겹친 우연이었다. 더 소름 돋는 것은 그 버스는 내가 하노버 다트머스 대학교에서 2시간의 일정을 마치고 환승할 때 타려고 예약했던 버스였다. 심지어 그날 공항에 있었던 마지막 버스이기도 했다.

다트머스 대학교 투어는 둘째 치고 다음 일정에 차질이 없게 되었다는 것이 얼마나 다행인가 싶으면서도, 사람 욕심이란 게 다트머스 대학교를 두 눈 뜨고 그냥 지나쳐야 할 생각에 너무 아쉬웠다.

2분이라는 급박한 시간이었지만 사진 한 장 남기는 데 온 힘을 쏟았다

심지어 8개의 아이비리그 대학교 투어를 앞두고 1개 대학이 빠져 버린다면 그것은 얼마나 찝찝할까. 여기서 나를 도와줬던 한 가지 행운이 더 있었다. 다트머스 대학교는 하노버 버스정류장 바로 앞에 위치하고 있었기 때문에 하노버 버스정류장에 도착했을 때 버스 기사님께 사정해서 딱 2분만 시간을 달라고 부탁했다. 기사님께서는 다행히 흔쾌히 수락해 주셨고 나는 2분이라는 소중한 시간 동안 학교를 향해 힘껏 달려가서 가장 예쁘게 보이는 건물 앞에서 인증 사진을 남겼다.

그렇게 사진을 찍은 아이비리그 3번째 대학교인 다트머스 대학교.

사실 이곳을 다녀왔다고 하기에도 부끄럽지만, 이렇게 잠깐이라도 잠깐 그 분위기와 향기를 느낄 수 있던 것에 만족했다.

46번째 감정

– 아쉬움이 가득 남은 볼리비아 우유니 사막

"우유니 사막에 들러서
단 하루만 시간을 보내고 가는 사람은
네가 최초일 거야."

날씨가 다 했다고 할 수 있는 우유니 사막의 낮 풍경

남미 여행의 꽃이라고 불리는 우유니 소금 사막. 새하얀 소금 사막이 끝없이 펼쳐진 풍경을 바라보며 원근법을 무시한 공감각적인 사진 놀이를 하는 것은 여행을 좋아하는 사람이라면 한 번쯤은 꿈꿔 봤을 것이다.

대부분 우유니에 온 여행객들은 칠레 아타카마로 이어지는 국민 루트라 불리는 인-아웃 구간을 통해 많이 이동한다. 하지만 내가 이곳에 방문했을 당시에는 볼리비아 사람들의 시위로 이 구간이 통제되었고 칠레로 넘어가려고 했던 사람들은 이도 저도 못 하는 상황이 되었다. 다만 한 가지 유일한 돌파구가 있다면 5~6시간이면 갈 이 거리를 30시간 이상 버스를 타고 우회하는 방법이었다.

이 노선은 우유니-오루로-이키케-칼라마를 경유하는 노선이었다.

이런 방법이 있다는 현지인의 조언이 있었지만, 처음 들어 보는 도시를 향해 간다는 것이 선뜻 시도하기에는 쉽지 않은 결정이었다. 더구나 하루라도 여유가 없는 상황에서 우회하는 방법을 택했을 때 긴 시간 동안 이동해야 한다는 단점보다 더 큰 단점은 우유니의 밤하늘을 포기해야 한다는 점이었다.

우유니 사막의 하이라이트, 원근법을 이용한 사진 찍기! 9번째 나라 볼리비아에서 내가 생각한 원근법 샷

　우유니 사막의 하이라이트라고 불리는 밤하늘을 보는 것을 포기한다는 것은 피자 가게에 가서 피클만 먹고 나오는 것에 비유할 수 있지 않을까 싶었다.

하지만 내가 그 미련을 훌훌 털어버리고 떠날 수 있었던 것은 낮에 본 우유니 소금 사막이 너무 아름다웠기 때문이었다. 가이드가 우리에게 축복받은 사람이라고 했을 정도로 날씨가 너무 맑아서 그 배경이 매우 아름다웠다.

우유니 소금 사막은 날씨의 영향을 많이 받기 때문에 심지어 2주 동안 날씨가 좋지 않아서 낮과 밤 모두 우유니의 아름다운 광경을 보지도 못하고 떠난 사람이 있을 정도였으니까. 나는 아름다운 유우니 소금 사막의 낮 풍경을 통해서 미련 없이 떠날 수 있는 마음의 위안을 얻었다.

그렇게 떠나는 나를 보며 우유니에서 투어를 담당하던 가이드분이 내게 한마디를 건넸다. "우유니 사막에 들러서 단 하루 동안만 시간을 보내고 가는 사람은 네가 최초일 것이다."

어쨌든 그 후 나는 30시간 정도 걸려서 무사히 칠레에 도착할 수 있었다. 그런데 때마침 투어를 같이 진행했던 형에게서 연락이 왔다.

"현익아. 네가 떠나던 날에 시위가 끝나서 그 구간이 풀렸어. ㅋㅋㅋ."

47번째 감정
– 사치 그 자체, 라스베이거스에서 호텔 속으로

수압이 짱짱한 욕실에서 탕에 몸을 담그면서 목욕한 후, 포근한 침대에서 낮잠을 솔솔 자다가 저녁 시간이 되었을 때 호텔에서 제공하는 맛있는 저녁을 먹고 카지노를 즐긴 뒤에 밤에 길거리에서 하는 공연을 밤새 보다가 잠드는 것.

이것이 내가 상상했던 라스베이거스 호텔에서의 하룻밤이었다….

호텔 안에 백화점, 카지노, 쇼핑몰까지 없는 게 없다고? 모든 게 다 있다고? 대부분 상상도 못 해 본 일이지만, 라스베이거스에서는 아마 이것이 흔한 풍경일 것이다. 라스베이거스 중심가는 온통 호텔로 둘러싸여 있으며 그 속에서 카지노와 쇼핑몰이 그 아름다움을 더한다. 건물들이 아름다움을 뽐내고 있다면 거리에서는 예쁜 누나들과 몸 좋은 형님들이 거리를 활보하며 또 다른 아름다움을 전해 준다. 이곳이 바로 이름만 들어도 빛깔이 번쩍번쩍할 것 같은 '라스베이거스'다.

그럼 내가 느낀 라스베이거스는 어땠을까? 이처럼 나에게도 라스베이거스는 조금 특별했다.

호텔은커녕 제대로 된 숙소에서 자는 것도 어려웠던 내가 1년 7개월 동안의 여행 중에서 딱 한 번 라스베이거스에서만큼은 호텔에서 자야 한다는 거대한 꿈을 꾸고 있었다. 라스베이거스는 심지어 3성급, 4성급 호텔이 가격도 3~4만 원대일 정도로 무척 저렴했다. 하지만 하필 내가 라스베이거스에 도착하는 날짜는 금요일이었다. 주말 숙박 가격은 평일보다 약 5배 정도 비싸다.

1박 2일 일정으로 라스베이거스에 도착한 나는 BBC에서 선정한 죽기 전에 가 봐야 할 1순위 여행지인 그랜드 캐니언에서 하루를 꼬박 보내기로 일정을 잡았다. 그런 나에게 라스베이거스 호텔에서 머물 수 있는 시간은 오후 10시에서 다음날 오전 6시까지였다.

원래 내가 생각한 호텔을 즐기는 방법은 체크인 시간을 당겨 최대한 일찍 들어간 후에 수압이 짱짱한 욕실에서 탕에 몸을 담그면서 목욕한 후, 포근한 침대에서 낮잠을 솔솔 자다가 저녁 시간이 되었을 때 호텔에서 제공하는 맛있는 저녁을 먹고 카지노를 즐긴 뒤에 밤에 길거리에서 하는 공연을 밤새 보다가 잠드는 것이었다. 그러나 현실은 달랐다.

그랜드 캐니언을 보고 돌아온 시간은 새벽 1시였다. 도착 예정 시각보다 4시간이나 늦어진 시각에 체크인을 할 수 있었다.

허탈한 웃음과 함께 아쉬움이 너무 컸지만, 다행히 그 허탈함 덕분에 잠이 오지 않았다. 호텔에 짐을 풀 거를도 없이 간단하게 옷만 갈아입고 바로 길거리로 나왔다. 사실 우리나라가 아니고서야 해외에서 새벽 시간에 밖이 활발한 상황은 정말 보기 힘든데 역시나 라스베이거스의 밤은 달랐다. 카지노를 즐기는 사람들과 길거리 공연까지 정말 볼거리가 많았다. 비키니를 입은 누나들이 여기저기서 사진을 찍어 준다며 나를 유혹하고 있었다.

나는 1시간 남짓 하는 시간 동안 라스베이거스의 길거리 풍경에 매료되어 거리를 활보할 수 있었다.

그 1시간을 위해 투자한 15만 원이라고 표현할 수 있을까. 다행히도 이 짧은 시간 동안 아쉬움과 슬픔, 아름다움이 한껏 더해져 더 진한 감정으로 내게 다가왔다.

나는 처음에 여행을 떠날 때 죽을 각오까지 하고 떠났다.

무슨 이유에서인지는 모르겠지만, 그 정도로 여행을 가고자 하는 열정
이 대단했다. 돌이켜보면 여행이 뭐길래 그렇게까지 생각했나 싶다.

그렇게까지…. 물론 죽을 고비는 없었지만, 여행하는 중에 찾아온 두려
웠던 순간들은 있다.
생각만 해도 입이 바짝 마르던 그 순간을 어찌 잊을 수 있을까.

48번째 감정

– 첫 번째 위기, 지갑을 잃어버리다

모든 것을 잃었다는 절망 속에 찾아온 예상치 못한 행복,
그 순간 심장이 멎을 듯한 안도감.

한 가지 상황을 가정해 보자. 사람이 북적이는 슈퍼의 계산대 앞의 일이다. 한참 동안 줄을 기다리다 드디어 내 차례가 되었고 바코드를 찍는 소리가 끝나갈 때쯤, 주머니를 보니 지갑이 없다. 지갑을 찾으려야 찾을 수 없는 그 순간, 당신이라면 어떻게 반응할 것인가? 상황을 더 악화시켜 본다. 현재 나 혼자 아무도 모르는 외지에 나와 있고, 휴대전화는 유심칩을 사용하지 않기에 신호가 터지지도 않는 상황이라면? 특히, 자신의 부주의로 인한 분실은 누구를 탓할 수도 없는 답답한 심정이 일게 할 것이다.

내가 여행을 하면서 맞이했던 첫 번째 위기가 이러했다. 이 모든 상황이 내가 맞이했던 상황이었다.

미국 로스앤젤레스에서 나는 여느 때처럼 '누구보다 빠르게'라는 슬로건을 가지고 여행 중이었다. 짧은 시간 안에 많은 곳을 보려고 하니 버스, 지하철 탑승은 기본이고 LA 다저스 스타디움 투어, 할리우드 거리 탐방까지 여기저기를 쏘다닌 후에야 지갑을 잃어버린 것을 알게 되었다. 그날은 교통 티켓도 따로 가지고 있었고 지갑을 쓸 일이 없었기 때문에 출발한 순간부터 지금까지 잃어버린 곳을 알 수가 없었다. 그런데 문제는 여기서 끝이 아니었다.

아뿔싸, 내가 여행을 출발할 때 들고 온 신용카드 3장이 모두 지갑 속에 있었다. 소위 말해서 비상금을 그냥 지갑 안에 넣어둔 것과 같은 셈이었다. 나의 세계 여행 65개국 중 3번째 나라였던 미국에서 벌써 다시 한국으로 돌아가야 하나 하는 걱정부터 앞섰다. 여행하면서 모든 걸 잃어버릴 때를 대비하여 준비해 왔고 어떠한 상황이 닥치더라도 훌훌 털어버리자는 나였지만, 이 경우는 훌훌 털어버리더라도 당장 여행에 타격이 있기 때문에 곤란한 상황이었다. 어디서부터 잘못되었는지 도무지 기억이 나질 않았다. 이 와중에 해는 저물어가고 있었는데, 밤이 되면 너무 위험했기 때문에 찾으러 다닐 수도 없는 상황이었다.

그래서 내가 생각한 한 가지 방법이 있었다. 다음날 일정을 모두 취소하고 어제 갔던 곳 중에서 딱 한 군데만 다시 가 보자는 생각이었다. 그중에서 가장 오래 머물렀던 다저스 스타디움에 가 보기로 했다. 다음 날 곧장 다저스 스타디움으로 향했다. 입구에서 한 직원을 만나 분실물 센터의 위치를 물어보니 자기를 따라오라며 혹시 지갑을 잃어버렸느냐고 물어보는 것이었다. 그때부터 조짐이 좋았다. 기대에 찬 표정으로 직원을 바라보니 직원이 피식 웃으면서 내 지갑을 가져다주었다.

심장이 멎을 듯한 그때 그 순간의 안도감은 "어머머!"로 표현하고 싶다.

나를 흐뭇하게 바라보는 직원 할아버지를 꽉 껴안으며 연신 감사하다고 표현하며 동시에 내 실수를 자책하며 나 자신을 꾸짖었다. 그때 지갑을 찾지 못했더라면 나는 어떤 선택을 했을까? 여행을 계속했을지 의문을 가지며 그 모든 순간에 다시 한번 감사하는 마음을 가져 본다.

또, 그렇게 나는 LA 다저스의 팬이 되어버렸다.

해외여행 시 한 가지 팁은 카드를 여러 장 갖고 다니거나 혹은 많은 현금을 가지고 다닌다면 반드시 여러 군데에 분배해서 보관하고 다니라는 것이다.

49번째 감정

– 칠레, 오물 투척 소매치기

눈물이 핑 도는 그 비참함.

길 위에서 오물을 뒤집어쓴 채
가방까지 소매치기당한 나는
멍하니 그 자리에 서 있었다.

여행을 떠나기에 앞서서 소매치기를 방지하기 위해 다양한 수법을 알아보며 철저히 대비해 왔지만 내가 이렇게 노력하는 만큼 소매치기를 저지르는 범인들도 참 많이 연구하나 보다. 막상 나한테 그런 상황이 다가오니 "두 눈 뜨고 당했다."라는 표현이 알맞은 것 같다.

사건의 전말은 이러했다. 공항버스를 타고 시내에 내린 지 5분도 채 되지 않았을 때였다. 길을 걷는 도중에 갑자기 건물 위에서 누군가가 새똥 비슷한 오물을 내 등에 뿌려댔다. 뒤를 돌아본 순간 건물 위에는 아무도 없었고 내가 마주한 사람은 휴지를 들고 걱정 가득한 표정으로 나를 도와주려는 할머니뿐이었다. 머리랑 옷 뒤에 많이 묻었다며 손수 내 옷을 닦아 주시면서 심지어 휴지에 물까지 묻혀서 정성스럽게 닦아 주시는 모습에 정말 감사할 따름이었다. 오물 투척 소매치기라는 수법은 워낙 유명해서 익히 알고 있었지만, 새똥이라며 정성스레 닦아 주시는 할머니의 따뜻한 마음씨에 혹해서 양으로 봤을 때는 전혀 새똥이라고는 볼 수 없었지만 그렇게 믿게 되었다. 할머니의 따뜻한 미소에 매료된 나는 뒷부분에 많이 묻었다며 윗옷을 벗어 보라고 하는 할머니에게 더 감사함을 느끼고 옷을 벗기 위해 잠깐 가방을 내려놨는데 그 잠깐 사이에 가방이 없어졌다. 가방을 가져간 사람을 찾으려고 두리번거리는 순간, 주변의 모든 사람이 하나가 되어 한 방향을 가리켰다. 물론 그 방향으로 달려가던 나는 그제야 아차 싶었다. 그 모든 사람이 다 일행이라는 것을. 할머니라도 찾으려고 했지만, 할머니조차 사라지고 난 뒤였다. 결국, 길 위에는 오물을 뒤집어쓴 나 혼자 가방을 잃어버린 채로 멍하니 서 있게 되었다. 눈물이 핑 도는 그 비참함.

다행히 제일 중요한 여권과 휴대전화는 몸에 소지하고 있어서 도난당하진 않았지만, 지갑부터 카드, 현금, 여행 계획 다이어리, 각종 서류 사본, 헤드폰, 운전면허증, 주민등록증, 보조 배터리 등 약 200만 원 상당의 손해를 입었다.

단 하루, 그것도 반나절도 안 되는 시간을 보내려던 칠레 산티아고는 그 무엇보다 잊을 수 없는 기억으로 내게 각인되었다.

그래도 진짜 다행이었던 게 하나 있었다. 내가 잃어버린 가방은 보조 가방이었다. 원래는 매일 이 가방에 노트북을 넣고 다녔지만, 여행 중에 딱 하루 이날만 공항에 큰 배낭을 맡기면서 같이 보관해 달라고 했던 것이었다.

만약 노트북까지 소매치기를 당했다면 나는 영영 울면서 집에 갔겠지?

50번째 감정

– 위험천만했던 모로코

진정한 그 나라 사람들의 호의를 느껴보고 싶다
친절을 베풀며 다가오더라도 돈이 없다는 것을 표시했을 때,
확 가버리는 그런 현실 말고….

스페인 알헤시라스에서 모로코 탕헤르까지는 배로 1시간이면 갈 수 있는 가까운 거리다. 유럽에서 워낙 가까워서인지 아프리카라는 느낌보다는 마치 유럽에 있는 듯한 기분이 들어서 안전하다고 생각했다. 하지만 그것은 나의 착각이었다.

모로코의 마라케시에 도착해 숙소를 찾아가는 도중에 여러 사람이 혼자 있는 내게 도와달라는 손길을 내밀었다. 돈이 없다고 하자 대부분 나를 무시하고 발걸음을 돌리기에 바빴다. 휴대전화의 데이터도 없이 종이 지도 하나에 의지해서 다니던 나였기에 호텔의 정확한 위치를 찾기란 쉽지 않았다. 점점 해가 저물고 혼자 힘으로 찾아다니는 것에 지쳐갈 때쯤, 때마침 나를 도와주겠다는 친구가 나타났다. 그 친구는 축구 유니폼을 입고 있었고 손흥민 선수 유니폼을 입는 나와 한눈에 공감대가 형성되어 돈을 조금 줘야겠다는 생각과 함께 마음을 열기로 마음먹었다. 전 세계적인 스포츠인 축구로 맺어진 인연 아닌가. 그렇게 축구 이야기를 하며 그를 따라가던 도중에 갑자기 그 친구가 뒤를 한 번 돌아보더니 눈치를 보고 말도 없이 사라졌다. 그 순간 경찰이 내 앞을 지나쳤고 끝내 그 친구는 경찰에 체포되었다. 이건 또 무슨 상황일까 하는데, 곧 경찰이 설명해 주는 내용을 들을 수 있었다. 경찰의 말에 따르면 내가 지명 수배 중인 사람을 따라간 것이며, 하마터면 큰일 날 뻔했다고 했다. 그 순간 손발이 떨리면서 과연 경찰이 나타나지 않았더라면 나는 어떻게 되었을까를 생각했다. 상상만으로도 너무 아찔했다.

그 후 다행히 경찰의 도움을 받아서 숙소와 가까운 큰 길가로 안전하게 나갈 수 있었다. 하필 여기서 또 숙소로 가기 위해선 어두운 골목길이 이어졌는데 또 다른 위험천만한 상황을 맞이하게 되었다. 이번엔 3~4명의 현지인이 어느 숙소로 가느냐고 묻길래 지도를 보여 주니 도와주겠다며 자꾸 따라오라는 것이었다. 직전에 한 번 당했던 터라, 뒤따라가던 나는 조금 거리를 뒀고, 자꾸 반대 방향으로 간다는 낌새를 느끼자마자 잽싸게 왔던 길을 되돌아갔다. 그 뒤에는 일행으로 보이는 2~3명이 내 뒤를 밟고 있었다. 사실 정확하게 날 미행한 것인지는 확신할 수 없지만, 두려움에 눈을 꼭 감고 그 친구들을 지나친 후 냅다 달렸다. 결국, 골목을 우회하여 숙소에 도착할 수 있었지만, 이 기억으로 인해 나의 경계심은 더 커져만 갔다. 낯선 그곳에서 나는 움츠러들고 겁쟁이가 될 수밖에 없었다.

솔직히 경찰에 체포당했던 그 친구나 그 일행들도 순수한 마음으로 나를 도와줬을 가능성도 있다. 하지만 늘 최악의 상황을 가정해 보며 긴장하고 사건·사고를 피하는 것이 최고의 방법일 것이라고 생각한다.

51번째 감정
– 숨 막혔던 케냐 길거리

아프리카를 떠올린다면 푸른 초원에 동물들이 뛰어다니는 그런 상상을 했다. 하지만, 아프리카라 할지라도 큰 도시에는 쇼핑몰과 큰 건물들만 화려할 뿐이었다.

도심 속의 진짜 아프리카.
내가 가장 아프리카답다고 느꼈던 도시, 케냐.

텔레비전 방영 예능 프로그램인 〈무한도전〉의 '극한알바' 편에서 개그맨 정준하가 아기 코끼리 도토를 정성껏 돌보며 교감하는 모습이 방송에 나온 적이 있다. '도토 아빠'라는 별명을 얻을 정도로 감동적인 그의 모습이 인터넷상에서 화제가 되었고 여기에 애틋함까지 더해져 시청자의 눈물을 많이 짜내었다. 그 시청자 중의 한 명이 나였기에 케냐에 도착했을 때 내가 가고 싶은 곳 1순위는 바로 도토를 만날 수 있는 코끼리 고아원이었다.

케냐 나이로비에 시내에 들어선 순간 여기는 진짜 아프리카라는 생각이 들었다. 이게 무슨 의미냐면 내가 그동안 가 봤던 이집트나 모로코에서는 여행객들을 흔하게 만날 수 있었고 거리에서도 다양한 피부색의 사람들이 많이 보였는데 이곳은 흑인이 아닌 사람을 찾기 힘들 정도였다. 심지어 거리는 큰 건물 하나 없는 시골길이었다. 하얀 피부 덕분에 걸어 다닐 때마다 나에게 시선이 집중되었다.
두려움이 앞섰지만 '아프지 마 도토'를 보겠다는 의지 하나로 기차역 앞의 버스정류장으로 가던 도중에 갑자기 덩치 큰 흑인이 내 팔을 꽉 붙잡았다. 무서웠던 나는 있는 힘껏 뿌리치고 빠른 걸음으로 도망쳤지만, 그 사람들은 끝까지 쫓아와서 경찰이라면서 나를 멈춰 세웠다. 경찰을 사칭해서 돈을 요구하거나 여권을 소매치기하는 수법은 익히 알고 있었기에 경찰 신분증을 보여 줘도 믿지 않았다.
'가짜인지, 진짜인지 내가 어떻게 알아?'

여권을 보여달라는 말에 나는 숙소에 놔뒀다고 말했다. 그러자 그들은 여권으로 신원 확인이 되지 않으면 보내 줄 수 없다고 하며 가서 여권을 가져오라고 했다. 나는 진짜 경찰인지를 확인하는 게 급선무였기에 그냥 경찰서로 가자고 했다. 내가 지도에서 본 가까운 경찰서는 그들이 가자고 하는 곳이랑 반대 방향이라서 안 된다고 했다. 나는 "지도에 나와 있는 경찰서로 가자. 어차피 너희가 경찰이면 어딜 가나 상관없잖아."라며 그들을 설득했다.

그들은 자기들끼리 고민하다가 결국 알겠다고 해서 지도의 방향대로 경찰서로 갔는데, 계속해서 느낌이 이상했다. 여전히 의심은 가시질 않았고 마침 슈퍼 앞에서 총을 들고 있는 시큐리티를 만나서 이 사람들이 경찰이 맞느냐고 물어보니 의미심장한 웃음을 지으면서 경찰이 맞다는 것이었다. 서로 주고받는 눈빛이 묘하게 수상했지만, 결국 잘못을 인정하고 몰라봐서 미안하다며 사과하고 사실 여권이 있었다며 여권을 꺼내서 그들에게 보여 줬다. 그러자 그들은 갑자기 여권을 가로채서 자기 주머니에 넣더니 왜 거짓말을 하느냐며 큰소리를 치는 것이었다. 일단 이런 소매치기 수법이 너무 많아 의심할 수밖에 없었다고 미안하다고 계속 호소했다. 그러나 그들은 "지금 경찰서로 가서 외교부에 연락하면 한국으로 바로 강제 소환된다."부터 시작해서 나중에는 "500달러를 주면 그냥 없던 일로 하겠다."라며 돈을 요구했다.

300달러도 없어서 사파리 투어조차 못하는 나에게 무슨 돈을 요구하나. 나는 여권을 찾는 것이 급선무였기 때문에 경찰서로 가든지, 말든지 신경 안 쓰니까 무작정 여권부터 달라고 따졌다. 내일 케냐를 떠나는 나였기에 여권을 잃어버리면 여행에 차질이 생긴다는 집념 하나로 도대체 무슨 용기였는지, 나보다 배는 덩치가 큰 사람을 밀치고 여권을 뒤로 숨기려는 것을 억지로 빼앗았다. 그 순간 그 사람들의 태도가 바뀌었다. 여권을 받았으니 도로 돈을 빨리 달라는 것이었다. 다시 상황을 파악한 나는 소심한 태도로 바뀌어서 조심스럽게 다시 한번 경찰서로 가자고 했다. 이랬다가 저랬다가 계속 바뀌는 행동에 그들도 화났는지 경찰서로 가기 위해 차를 불러서 나를 연행해간다고 하는 것이었다. 괜히 경찰이 아닐 수도 있기에 수상한 차를 타고 이상한 곳으로 끌려가기 싫어서 무조건 걸어간다고 해서 다시 실랑이가 벌어졌다.

1시간이나 훌쩍 넘겼던 아무도 알 수 없었던 이 승부는 결과적으로 나의 승리로 돌아갔다.

"존버는 승리한다." 자기들도 지쳤는지 너에게 두 손, 두 발 다 들었다는 표정으로 그냥 가라고 하길래 도망치듯이 그곳을 빠져나왔다.

이겼다는 기쁨도 잠시, 얼마나 긴장하고 불안감이 컸는지 몸에서 식은땀이 줄줄 흘러내렸고 선선한 날씨임에도 불구하고 내 등은 온통 땀으로 젖어 있었다. 도토를 보러 간다는 생각마저 잊은 채로 숙소로 돌아가는 길에는 주변의 모든 사람이 낯설고 무섭게 느껴졌다.

귀를 닫고 누군가에 쫓기듯이 내 발걸음은 빠르게 움직이고 있었다.

52번째 감정

− 고속도로에 자전거를 끌고?

시속 100㎞로 달리는 자동차 사이에서
'자칫하다 죽겠구나!'라는 의미보다,
'산산조각 나겠다!'라는 끔찍함이 내게 더 와닿았다.

호주는 자전거 도로가 참 잘 되어 있다. 대중교통 이용 비용이 평균 3달러 정도로 비싸기 때문에 학원에 통학할 때는 자전거를 이용하는 경우가 많았고 이것이 내가 자전거를 구매하게 된 이유였다. 돌이켜보면 그 유명한 서퍼스 파라다이스를 바라보며 자전거로 주행하는 것은 지금 생각해도 기분이 참 황홀한 일이었지만, 자전거를 구매하기까지 일이 순탄치만은 않았다.

처음에는 중고 사이트에서 자전거를 알아봤고 집에서 차로 1시간 거리에 있는 곳에서 자전거를 구매할 수 있었다. 문제는 지금부터였다. 오랜만에 타 보는 자전거에 신이 난 나머지 집까지 3시간이 넘게 걸리는 거리를 자전거를 타고 돌아갈 생각을 했다. 구글 지도를 따라 돌아가는 도중에 갑자기 갈림길이 나와서 멈춰 섰다. 위, 아래로 갈리는 길이었기 때문에 지도에는 같은 방향으로 표시되어 있었고 어느 쪽으로 가든 똑같으리라 생각하며 한 곳을 선택해서 출발했다. 하지만 그곳은 고속도로였다. 자전거 도로랑 고속도로 갓길이 비슷하게 생겼기 때문에 나는 갓길이 자전거 도로라고 생각했고 아무 생각 없이 무작정 달린 것이다. 걷잡을 수 없이 빨리 달리는 차들 사이로 누군가가 계속 창문을 열고 나를 향해 소리쳤는데 나는 그저 인종 차별적인 발언인 줄로만 알고 무시했다. 슬슬 이상한 느낌이 들던 그때, 나는 시속 100㎞ 제한 속도 표시가 적힌 고속도로 표지판을 볼 수 있었다.

"Oh my gosh."

이미 30분 넘게 달렸기에 돌아가기 조차 힘든 상황이었다. 그때 나는 느꼈다. 여기서 사람이 차에 치인다면 죽는 건 둘째고 산산조 각이 나서 시체를 찾을 수도 없을 거라고.

최대한 숲 쪽에 가까이 붙어서 눈물을 머금고 살려달라는 소리를 수백 번 외쳤지만, 나를 도와줄 사람은 아무도 없었다. 정신을 바짝 차리고 고속도로가 끝나길 바라며 조심스레 한 발짝씩 걸어 나갔 다. 1분이 1시간 같은 지옥 같은 시간 속에 산사태를 방지하기 위한 철장 옆에 꼭 붙어서 팔이 긁히는 지도 모르고 한 발, 한 발 내딛고 서 1시간쯤 지났을 때, 정말 다행히도 나는 무사히 고속도로에서 빠 져나올 수 있었다. 팔의 상처 뿐만아니라 반바지를 입고 맨발에 슬 리퍼를 신고 있었던 내 발과 종아리는 풀숲에 다 긁혀서 피투성이 였다. 공포 속에 상처가 나는 것도 모른 채로 달려온 터라 상처가 보이기 시작한 그때서야 점점 아파져 오기 시작했다.

그때 그 아픔은 단지 상처의 고통일 뿐, 심란했던 내 마음의 고통 은 다행히 치유되고 있었다.

53번째 감정
– 여행하면서 이렇게까지 화났던 적이 또 있을까?

지나친 호객이 여행의 기분을 망쳤지만, 돌아가는 길에 본
상인들의 살아가려는 몸부림은 안쓰러워 보였다.

여행하면서 가장 최악이었던 곳을 꼽자면 카사블랑카의 버스정류장을 꼽을 것이다.

여행을 시작한 지 어느 정도가 지나자, 어딜 가나 호객 행위에 적응된 터라 대부분의 호객 행위는 그냥 무시했고 크게 신경 쓰지 않았다. 하지만 이곳은 달랐다. 여기는 진짜 호객 행위가 도를 넘어섰다. 이 사람들은 포기를 모른다. 정말 1분에 1명씩 가는 곳마다 계속 따라오는데 그나마 고개를 젓거나 아니라는 표시를 하면 대부분은 떠나갔지만, 정말 최악이었던 한 사람이 있었다.

아침 일찍 버스를 타고 카사블랑카 버스정류장에 도착하니 오후 3시였다. 아무것도 먹지 못한 상태에서 군것질하려고 터미널 안의 슈퍼를 찾아갔다. 괜찮아 보이는 과자를 하나 발견하고 12디르함이라는 가격까지 확인한 상태였다. 그러고 나서 음료를 고르려던 찰나, 밖에 있던 호객꾼이 나에게 다가와 과자 가격을 아느냐고 물었다. 나는 얼마나 호객을 할지 지켜보기 위해 가격을 물어봤다. 그러자 그는 내게 24디르함이라고 말했다. 그냥 웃고 넘겼지만, 그때 옆에 있던 가게 주인까지 24디르함이라고 가격을 바꿔서 말하는 것이었다.

누굴 바보로 아나? 안 산다고 나오려고 하니 그때야 12디르함이라고 다시 한번 말을 바꾸는데 어이가 없어서 그냥 나왔다. 그 호객꾼은 눈치가 없는지, 아니면 양심이 없는지 자꾸 따라와서 이제는 버스표까지 나에게 사기를 치려고 했다. 버스 가격을 처음에 대충 확인했을 때 60디르함 정도였는데, 그는 마라케시에 가는 티켓을 자기가 구매해 주겠다고 하며 가격은 100디르함이라고 했다.

진짜 슬슬 화가 나려고 했다. 그냥 가라고 소리치고 계속 피하려고 해도 작정했는지 계속 나를 따라왔다. 다른 사람에게 버스 예약을 하려고 다가가면 옆에 꼭 붙어서 꼭 "자기가 돈 더 얻어먹을 수 있다."라는 말을 하는지 다른 사람들은 나에게 팔지도 않았다.

여행하면서 이렇게까지 화난 적은 없었는데, '경찰만 있었으면'이라는 심정으로 화를 꾹 눌러 참았다. 결국, 밖에 나가서 한참 있다가 다시 들어오고 나서야 그 호객꾼을 따돌릴 수 있었다.

한편으로는 너무 아쉬웠다. 여행객이 얼마나 쉽게 보이고 만만해 보이면 못 잡아먹어서 안달인지. 그 나라의 현지인을 만나서 웃고 재밌게 떠들고 따뜻한 마음으로 친절을 기대했던 내가 비참해지는 기분이었다.

추가로, 흥정 시 팁을 하나 추천하고자 한다.

첫째, 일단 최대한 어느 정도 적정 가격을 조사해서 가면 좋다. 예를 들어서 누가 블로그에 그 가격으로 구매했다는 글을 읽고 간다면 좋다(그래서 나는 버스표를 구매할 때마다 가격을 알아보고 최대한 가격을 블로그에 적어서 올려놓았다).

같은 회사나 가게에서 터무니없는 가격을 부른다면 침착하게 웃으면서 회심의 미소를 한 방 먹인다.

"나는 다 알고 왔어. 내 친구가 여기서 가격대를 알려줬다."라는 말이 좋다. "여기 사진도 있는데?"라며 사진을 보여 주는 것도 좋은 방법이다.

둘째, 만약 가격을 모르거나 처음 가는 곳이라면 일단 상대방이 부르는 가격보다 최대한 낮춰서 부른다.

대신 여기서는 조건이 있다. 내가 이 상품을 구매할 때 여기가 아니어도 옆이나 주변에서 살 수 있는 것이어야 더 잘 먹힌다는 사실이다.

너무 낮게 불러서 가게 주인이 어이없다는 듯한 표정을 지으며 나가라고 한다면 그 가격은 정말 아닌 거다. 하지만 아니라고 했을 때 나가는 시늉을 하는 도중에 상인이 다시 붙잡는다면 흥정의 절반은 성공이다. 이 가격에도 괜찮다는 느낌 아닐까 싶다.

그리고 한 가지를 더 추가한다면 조금의 능글능글함이 필요하다. 항상 웃으면서 "다음에 꼭 여기 다시 오겠다.", "친구들에게 적극적으로 추천하겠다."라는 기분 좋은 멘트를 할 정도면 서로 원윈이다.

셋째, 시간이 조금 걸리더라도 쇼핑하는 느낌으로 여러 군데에 가 보는 것이 좋다.

큰 매장이나 메이커 제품이 아닌 이상 대부분의 상품은 정해진 가격이 없다. 그렇기 때문에 상인이 부르는 게 값이며 가격을 모른다면 여러 군데를 둘러보며 제일 싼 곳을 찾아다니는 것이 좋다!

슬픔

내 여행을 통틀어서 모든 여정을 되돌아봤을 때 겪었던 감정을 100%로 표현한다면 솔직히 행복, 기쁨 등의 밝은 감정은 10% 정도라고 생각한다.

그 나머지 대부분의 큰 요소로 작용했던 감정은 힘듦, 고난, 외로움 등이었으며 이를 통틀어 표현할 수 있는 슬픔이라는 감정이다.

그러나 그러한 슬픔의 감정이 있었기에 오히려 지금은 감사한 마음이다.

54번째 감정

– 공항 노숙은 기본, 내 주식은 식빵

내게는 호화로운 곳, 잘 곳, 풍성한 먹을 것 다 필요 없다.
내게는 갈 곳만 있으면 된다.

여행할 때 비용 면에서 반드시 생각해야 할 세 가지 항목이 있다. 바로 식비, 숙박비 그리고 교통비다.

그중에서 여러 곳을 돌아다니기 위해서 교통비는 아끼기가 힘드니 식비, 숙박비의 두 가지를 줄이는 것이 여행 경비를 절약해야 할 때 핵심으로 작용할 수 있다. 여행 취향에 따라서 식사보다는 휴식과 편안함을 강조해서 숙박비에 투자해 식비를 줄이는 사람도 있지만, 오히려 그 반대로 식비에 투자하고 숙박비를 줄이는 경우도 있다. 나는 어느 쪽이었을까? 불행하게도 나는 둘 다 아니었다. 교통비가 많이 들었기 때문에 식비와 숙박비 모두를 아껴야 했다. 일단 여건이 되면 버스나 기차에서 잘 수 있는 야간 교통수단을 주로 이용했고 불가피하게 숙소를 잡아야 한다면 가장 싼 곳을 택했다. 거기에다가 나의 주식은 빵이었다. 대형 마트에서 묶음으로 파는 식빵. 심지어 아무것도 발리지 않은 2,000원짜리 빵 한 묶음으로 하루를 버틴 적도 있다. 돈에 비유를 더하자면, 누군가 집밥을 먹다가 외식하러 가는 것을 나는 일반 식빵을 먹다가 옥수수 식빵을 사 먹는다고 표현할 수 있을까 싶다.

"호화로운 먹을 것도 잘 곳도 다 필요 없다. 내게는 갈 곳만 있으면 된다."

사실, 이는 내가 자초한 일이다. 나의 '누구보다 빠르게'라는 여행

슬로건 때문에 총 경비에서 교통비가 70% 정도를 차지했기 때문에 식비나 숙박비를 줄일 수밖에 없었다. 1,000원이 아까워서 1시간 이하로 소요되는 거리는 무조건 걸어 다녔다. 늘 2,000원으로 무엇을 먹어야 최대한의 효과를 낼지 고민하며 대형 마트에서는 이것을 골랐다가, 저것을 골랐다가 100번을 반복하며 1시간 이상 고민한 적도 있었다. 가장 슬펐던 일은 우리나라보다 상대적으로 못사는 나라의 슈퍼에 간 적이 있었는데 옷이 찢어지고 딱 봐도 가난하게 보이는 분이 초콜릿 하나를 서슴없이 사 먹는 모습이 어찌나 부럽던지 그 사람보다도 내가 더 가난하다는 생각에 눈물이 핑 돈 적도 있었다.

하지만 그 와중에도 내가 떳떳하게 말할 수 있는 사실이 있다. 나는 돈을 여유롭게 쓰면서 호화롭게 여행하는 사람이 절대 부럽지 않았다.

이런 가난한 추억이 나에겐 더 큰 재산이니까.

추가로, 숙소 이용에 관한 좋은 앱을 소개하고자 한다.
북킹닷컴(www.booking.com), 호스텔스닷컴(www.hostels.com)이 그것이다.

다양한 숙박 앱이 있지만, 싸고 저렴한 숙소가 많이 나와 있는 이 두 앱을 추천한다.

또한, 큰 나라, 큰 도시가 아닌 아시아권이나 남미권에서는 숙소를 예약하는 것보다 직접 찾아가서 알아보고 흥정을 통해서 예약하는 게 더 저렴할 수도 있다.

55번째 감정

– 유럽에서 숙소에서 잔 적은 손꼽을 수 있다(노숙)

내게 한 가지 소원이 있다면 물이라도 한 번 벌컥벌컥 마셔보는 것이다.
이것을 하지 못한다기보다는 물도
돈을 주고 사 먹어야 하므로 아껴야 한다는 말이다.
마치 내일 시험인 고등학생이 오늘 밤 피시방에 가는 것을
참아야 하는 느낌이랄까.

나의 여행 중에서 가장 오랜 시간을 보낸 대륙, 유럽. 자그마치 두 달 동안 27개국을 여행했지만 순탄치는 않았다. 물가가 비싼 탓에 숙소를 잡는 것은 항상 부담이었다. 교통비를 제외하고 하루 1만 원 내지 2만 원 이하로 쓰길 원했던 나는 일단 제일 싼 숙소가 2만 원이 넘는 걸 보고 고민에 빠졌다.

　'숙소 한 번 잡고 쫄쫄 굶어? 아니다, 잠깐만. 숙박은 노숙으로 해결할 수 있으니까 그 돈으로 차라리 빵을 하나 더 사 먹자!'라는 생각이 문득 들었다.

　바쁜 일정 탓에 아침에 여행을 시작했다가 밤에 돌아오는 나에게는 숙소는 휴식보다는 잠자는 용도가 전부였다. 참 긍정적인 생각이었다. 그 숙박비를 아끼면 빵이라도 하나 먹을 수 있으니까! 그 소소한 행복에 감사했다. 그러다 보니 참 웃긴 일화도 생겼다.

　여행 도중의 일이다. 이른 아침에 기차를 타기 위해서 바르셀로나 기차역에서 노숙하기로 했다. 역 가장자리의 조용한 곳에 자리 잡은 후 침낭에 들어가 배낭을 꼭 껴안고 꿈속에 들어가려던 찰나 누군가가 나를 깨웠다. 이곳은 12시에 문을 닫는다며 쫓겨나게 되었다. 허탈하게 역 주변을 두리번거리다가 마침 역 옆에 있는 근사한 호텔을 발견했다. 애초에 그곳에 머물 생각은 없었지만, 가격을 물어보며 로비에서라도 시간을 보내기 위해 숨어있던 찰나에 거지 취

급을 받으며 쫓겨났다. 다시 역 앞에 멍하니 서 있던 그때 잘 준비 중이던 노숙자랑 눈이 마주쳤는데, 나에게 이쪽으로 오라고 손짓하는 것이었다.

"여기는 내 자리니까 너는 여기 옆에서 자."

겁먹었던 나는 이 말을 듣고 긴장이 싹 풀리면서 전혀 생각지도 못했던 이 한마디에 한바탕 폭소를 했다. 노숙자가 했던 순수한 표정과 말이 나를 감동하게 했다. 그렇게 나는 그 친구 옆에 자리를 잡았고 우리는 간단한 이야기를 나눈 뒤에 잠이 들었다.

이 일을 계기로 평소에 노숙자에게 좋지 않은 시선을 가지고 바라봤던 나를 반성했다. 오히려 그는 다른 사람들보다 순수했으면 더 순수했지, 나쁜 사람은 아니었다.

오히려 나빴던 사람들은 소매치기하는 사람들이었다.

추가로, 해외여행 시 노숙하기에 좋은 장소 Best 3을 추천하고자 한다.

① 공항

와이파이, 깔끔한 화장실, 안전함까지 갖춘 곳이다. 이만하면 나에게는 최고급 5성급 호텔이 따로 없었다.

② 역

공항과 비교하여 장점을 꼽자면, 대개
도심에 있다는 것이 가장 큰 장점이다.

시설 면에서도 공항보다는 못하지만,
있을 건 다 있는 곳이다.

하지만 작은 역일 경우에는 종종 새벽
에 문을 닫는 경우가 있어서 이를 주의해야 한다.

③ 길거리

위험도가 높기에 크게 추천하지는 않지만, 날씨와 치안이 괜찮은
나라라면 한 번쯤 도전해 볼 만한 경험이다.

또한, 유럽에서는 만약 유레일 패스 티켓이 있다면 더 유용하게
노숙할 수 있다! 유럽은 대부분 공항까지는 기차가 잘 연결되어 있
다. 그 때문에 유럽 여행을 하면서 이전까지는 비행기 한 번 타본
적 없었던 나에게 공항은 최고의 잠자리로 발돋움했다. 그리고 화
장실을 돈 내고 사용해야 하는 유럽에서는 유레일 패스를 이용해서
기차에 잠깐 탑승하여 볼일을 해결하는 것은 무료이다!

56번째 감정
– 혼자 하는 아프리카 여행은 외롭고 고독하다

세상에서 가장 슬픈 것은 이별이다.

남미만큼이나 기대했던 아프리카 여행.

사실 아프리카 여행을 시도한다는 것 자체가 쉽지 않았다. 내 상상 속의 아프리카는 넓은 초원 위에 육식 동물이 왕성하게 뛰어다니며 사람들의 인적이 드물고 부족들이 무리 짓고 사는 〈아마존의 눈물〉과 같은 그런 곳이 전부였다.

계획을 짤 때 '세계 일주에서 아프리카 여행 계획을 빼면 섭섭하지!'라는 생각으로 일단 가 보자는 막연한 목표를 세우긴 했지만, 주변을 둘러봐도 아프리카에 다녀온 사람은 찾기 힘들었다. 하지만 여행하면서 세계 여행자를 많이 만나게 되고 이야기를 들어보니 생각이 바뀌었다. 아프리카처럼 순수하고 청렴한 곳이 또 어디 있으랴!

그렇게 아프리카는 내게 있어서 가장 기대되는 여행지로 자리 잡게 되었다.

유럽 일정을 마치고 아프리카로 가는 길.

유럽이나 미국과는 다르게 이곳에서는 혼자 여행하는 사람을 보기 힘들었다. 아예 없는 건 아니지만, 그만큼 수가 적다고 해야 할까.

보통 아프리카 여행의 경우, 배낭여행의 성지라고 불리는 이집트 다합에서 그룹을 지어서 여행하는 경우가 대부분이었다. 교통편이나 치안이 가장 좋지 않기로 소문이 자자하므로 여러 사람이 모여서 좀 더 나은 안정성을 추구했다.

혼자 여행한다면 교통편에도 문제가 있었다. 대중교통이 없는 나라가 많기에 대부분 차를 렌트해서 교통비를 절약했지만, 혼자 차를 렌트한다면 비용을 생각해야 하기에 이마저도 쉽지가 않았다. 더구나 차가 없다면 갈 수 있는 여행지가 제한되는 경우도 많았다.

그런 이유로 가고 싶었지만 못 가 본 나라나 지역도 많았다. 하지만 그나마 다행스러웠던 것 한 가지는 아프리카로 넘어가는 길목에서 아프리카 여행을 하는 한국 사람들과 함께 우연히 같은 비행기를 타게 되어 마침 새벽에 도착하는 일정이라 같이 노숙을 하게 되었다는 것이다.

그것이 시발점이 되어서 같이 빅토리아 폭포를 보러 가고 요리도 해 먹고 사파리 투어까지 즐기며 가족처럼 즐거운 시간을 함께 보내게 되었다.

함께했던 아프리카 동행들. 사실 처음에는 박힌 돌인 것마냥 눈치도 많이 보고 불편했지만, 5일이라는 긴 시간을 함께 보내며 정이 들었다. 덕분에 아프리카에서 생각지도 않았던 사파리 투어를 즐기고 휴식이라는 달콤함을 맛보기도 했으며 사람에 목말라 있었던 내가 따뜻한 정을 느낄 수 있었다.

생각지도 못하게 아프리카에서 함께한 따뜻한 동행들

이윽고 목적지가 다르기에 다시

헤어지는 길이 다가왔다.

아쉬움에 계속 미련만 남는다. 혼자서도 씩씩하게 다녀온 아프리카의 남은 일정을 다시 할 생각에 걱정이 앞선다.

차라리 처음부터 혼자 있었으면 하는 아쉬움에 괜히 한숨만 내쉬어 본다. 외로움과 이별의 아픔 사이에서의 괴리감 속에서 내 욕심은 더 커져 간다. 만남 속에서 얻었던 소중함과 행복은 잊은 채로.

"세상에서 가장 슬픈 것은 이별이다."

빅토리아 폭포에서 동행들과 함께, 시원한 폭포 사이를 뚫어버리다

57번째 감정

– 고산병의 시작, 페루 그리고 마추픽추까지

힘듦이 없다면 달콤한 행복도 없을 것이다.
힘듦이 있어야 잠깐 쉬었을 때, 목표에 다다랐을 때,
꿀 같은 행복을 맛볼 수 있을 것이다.

리마에서 쿠스코까지 걸리는 시간은 버스로 24시간 정도였다. 그런데, 조금 과장을 섞어서 24시간 중의 23시간 동안 고산에서 계속 커브 길이 이어졌다. 왼쪽으로 꺾었다가, 오른쪽으로 꺾었다가 하며 계속 커브 길을 지났다. 마치 내 장기 위치가 계속 뒤틀리는 듯한 기분에 장기들이 제자리에 있다는 게 신기할 정도였다. 울렁거리는 속에 계속 봉투를 찾아서 "Plastic!"을 외쳤고 두통까지 더해져 고통의 연속이었다. 목적지에 도착하려면 한참 남은 것이 뻔히 보이는데 자꾸 언제 도착하는지 물어보며 차를 세운 적도 여러 번이었다. 표정만큼은 거의 죽기 일보 직전이었다. 그래도 꾸역꾸역 버텨 가며 다행스럽게도(?) 무려 25시간이나 걸려서 도착할 수 있었다.

이윽고 녹초가 된 상태로 숙소를 찾았다. 휴식이 필요한 나였지만, '이 여행도 병인가?' 싶을 정도로 그 당시의 나는 도무지 휴식을 몰랐다. 얼굴은 창백해졌고 몸은 춥고 열이 났지만, 당장 내일 세계 7대 불가사의인 '마추픽추'에 가야 한다는 압박감에 여기저기 다니며 알아보는 나 자신이 한편으로는 너무 미웠다.

그렇게 알아낸 마추픽추를 가는 방법은 비용이 저렴하지만, 많이 걸어야 하는 방법과 기차를 타고 편하게 가지만, 비용이 많이 드는 방법, 크게 두 가지였다. '비싸다', '편하다'라는 표현은 전혀 나랑 어울리지 않았기에 나는 일말의 고민도 없이 전자를 선택했다. 그렇게 아침 7시에 출발하여 9시까지 오얀타이탐보에서 도착해서 마추픽추를 볼 수 있는 도시인 아과스칼리엔테스까지 나 홀로 떠나는 약 28

㎞ 기찻길 도보여행이 시작되었다.

기찻길에는 친절하게 1㎞마다 ㎞ 수를 알려주는 표지판이 있어서 표지판마다 한 장씩 인증 사진을 찍으며 정복해 나가는 맛이 있었고 덕분에 지도가 없더라도 큰 어려움이 없었다. 혹여나 기차가 다녀서 위험하지 않냐는 질문을 한다면 기차가 오기 전의 경적 소리에 맞춰서 갓길로 피하면 되기 때문에 크게 걱정거리가 되지 않았다고 답할 것이다. 하지만 그보다 더 큰 문제는 내 아픈 몸을 이끌고 순탄치도 않은 돌덩어리 기찻길을 어떻게 걸어가는가였다. 특히 지금 내가 겪고 있는 가장 큰 증상은 설사 증상으로, 따로 화장실이 없기 때문에 1시간마다 오는 신호를 해결하는 게 급선무였다. 다행히 주변에 사람이 없어서 눈치 보지 않고 기찻길 바깥쪽의 숲속에서 용무를 해결하는 도중에 기차가 지나가길래 피하지도 못하고 부끄러움에 얼굴만 푹 숙이고 있던 적도 있었다.

하지만 그렇게 나쁘기만 했던 것은 아니었다. 푸른 자연경관을 따라가다 보면 한 번씩 찾아오는 폭포수에 앉아서 시원한 폭포 소리에 귀 기울여 보고 혼자만의 생각을 하며 깊은 사색의 시간을 보낼 수 있었다. 기차를 타고 갔으면 절대 느껴 보지 못할 분위기였다.

힘든 만큼 더 기억에 남고, 돈이 없었던 만큼 마음은 풍요로웠던 잊을 수 없는 나의 마추픽추 도보여행이었다.

82km 지점 시작을 통해!

갑자기 비도 오고 날씨가 오르락내리락한다　100㎞ 지점, 고생한 나를 위해 달콤한 음식 타임

　추가로, 쿠스코에서 마추픽추(아과스칼리엔테스)까지 싸게 가는 방법 두 가지를 소개한다.

　첫 번째는 '쿠스코 → 콜렉티보(24시간 운행하는 부에노스아이레스의 시내버스, 1시간 30분 소요) → 오얀타이탐보 → 도보로 6~7시간 소요 (28㎞) → 아과스칼리엔테스'의 루트이다.

128㎞ 마무리. 벌써 깜깜해진 이 밤에 도착했다는 그 기쁜 마음은 이루 말할 수 없다

두 번째는 '쿠스코 → 콜렉티보(24시간 운행하는 부에노스아이레스의 시내버스, 7시간 소요) → 이드로일렉티카 → 도보 2~3시간 소요 → 아 과스칼리엔테스'의 루트이다.

58번째 감정
– 유일한 희망이었던 마지막 카드를 잃어버리다

어떠한 고된 상황 속에서도
한 줄기 희망은 있지 않을까.

칠레에서 소매치기당한 이후로 여권과 함께 보관했던 유일하게 남은 카드 한 장이 있었다.

최대한 현금을 많이 들고 다니려고 했지만, 한계가 있기에 마지막으로 남은 카드는 나의 생명줄과도 같았다. 카드라도 있어야 한국에서 송금을 받든, 무언가를 결제하든지 할 수 있었다. 그나마 이 카드가 있기에 여행에 지장이 없는데 이마저도 잃어버린다면…. 상상만 해도 끔찍했다.

나는 비상시 상황에 대비하여 복대를 팬티 안에 차고 다녔다. 이 복대 안에는 현금과 카드 1장, 여권이 있었다. 여분의 현금은 지갑에 있었기에 따로 복대를 풀 일이 거의 없었다. 하지만 카드로 결제해야 하는 상황이 생겨서 카드를 뺐다가 팬티 안에 있는 복대를 다시 빼기가 귀찮아서 잠깐 주머니에 넣었던 게 화근이 되었다. 나중에 왜 방심했을까, 주의하지 않았을까 후회했지만, 내가 잃어버린 것인지, 혹은 누군가 빼간 것인지는 몰라도 나중에 내 주머니에서 카드를 찾으려고 보니 카드가 사라진 상태였다.

우려하던 상황이 닥쳤다. 내게 남은 건 미국 달러로 100달러뿐이었다. 돈을 구하려면 누군가의 도움을 받아야 했고 혼자 다니는 나는 선뜻 다른 분께 돈을 빌려 달라고 말하기가 쉽지 않았다. 속이 답답해지고 가슴이 뛰며 눈물이 고인 채로 여기저기 주변을 맴돌며 당황하던 그때, 누군가 내게 다가와 도와주겠다며 건넨 한마디가 있었다.

"대사관에 가서 해외 신속 송금 서비스를 받으면 당장 여행하는 데는 지장 없을 거야."

어떤 말보다 값진 이 한마디 덕분에 나는 여행을 지속할 수 있었다.

마치 모래밖에 없는 사막에서 오아시스를 발견한 것처럼 갈증이 말끔히 해결되었다고 표현하고 싶다.

추가로 이런 상황에 대비하여 한 가지 방법을 추천하고자 한다.

일단 먼저 카드를 여러 장 들고 있다면(현금도 해당 사항 포함) 보조 가방이든, 복대든 분리해서 가지고 다니는 게 제일 중요하다! 지갑에 다 넣고 다니다가 분실이라도 당하는 날에는…. 하지만 그래도 방법이 있다!

보통 그 나라의 수도에 가면 대한민국 대사관이 있다. 이곳에서 '해외 신속 송금 서비스'를 이용해 보자. 이 서비스를 통해서 현금을 받을 수 있다(나라마다 주는 화폐가 다르며, 유로나 달러로 받을 수 있는 나라도 있다). 자세한 방법은 다음과 같다.

첫째, 여권을 가지고 방문한 후에 신청서를 작성하기.

둘째, 지인이 '영사 콜센터'에 전화하여 신청자가 있는 나라로 송금하겠다고 말한 후에 돈을 입금하기.

셋째, 입금 확인 후에 대사관에서 현금을 받기.

59번째 감정

– 휴양지는 나랑 어울리지 않았다

휴식, 그것도 누려 본 자만이 느낄 수 있는 것.

휴양지는 얼씬도 하지 않던 나의 여행에서 이곳저곳을 거침없이 쏘다니다 보니 나도 사람인지라 지칠 대로 지쳐버렸다. 그러다가 한없이 펼쳐진 지중해의 풍경에 매료되기 일보 직전에 문득 프랑스에서 만난 친구 지희가 했던 말이 떠올랐다.

"혹시 네가 크로아티아에 간다면 스플리트에 꼭 가 봐. 나는 내 남은 15일의 여행 일정을 다 포기하고 스플리트에서 모든 시간을 보냈는데 그 시간이 전혀 아깝지 않았어."

더구나 크로아티아는 또다시 가 볼 만한 도시가 많았다. 갈색 지붕의 아름다운 전망을 이루는 두브로브니크와 〈아바타〉 촬영지의 모티브가 된 플리트비체 그리고 수도 자그레브까지.

친구의 말이 귀에 꽂혔는지 이번만큼은 여행지보다 휴양지에 가보고 싶은 마음이 더 간절했다. 크로아티아에서만큼은 3일 정도의 일정을 바다에서 휴양과 함께 보내고자 생각했다. '여유'라는 것을 한 번 느껴보고 싶었다.

그래서 곧바로 스플리트로 직진했다.

수영복 바지에 상의는 래시가드까지, 언제든지 바다에 뛰어들 수 있을 만한 복장을 갖춘 후에 도심으로 뛰쳐나왔다. 목적지를 정한 것이 아니라 바다 앞 모래사장에 누워서 일광욕을 즐기고 수영하며 처음으로 찾아온 여유를 만끽했다.

하지만 마음의 병이란 것이 정말 무서운 게, 몸은 편할지라도 어딘가로 다시 떠나야 한다는 강박관념 때문에 마음이 너무 불안했다. 그 불편한 마음은 나에게 자꾸 이곳에서 떠나라고 부추기고 있었다.

그래서 나는 하루 동안의 여유를 즐긴 후에 다시 짐을 싸며 나 자신을 위로했다.

내가 휴식이라는 단어를 잘 모르는지, 휴식의 시간을 쓸 줄 모르는지는 알 수 없지만, 다음 여행을 위해서 나 자신을 다독였다.

'하루면 충분히 쉬었어. 미련 없이 훌훌 털고 다시 출발해 보자, 현익아'

60번째 감정

– 내 반쪽을 떠나보내는 공허함

미련이 있어도 미련이 없는 척, 숨길 줄 아는 것이 능력.

시간을 돌려 조금 과거로 올라간다. 여행 계획을 짤 때쯤, 그곳은 군대 안이었다.

돈을 벌기 위해서 워킹홀리데이를 알아보고 있는데 옆에서 맞후임인 재훈이가 관심을 보였다.

"재훈아. 전역하고 뭐할 거야? 나랑 호주에 돈 벌러 가자."라며 진담 반, 농담 반으로 말했던 그 한마디가 현실이 될 줄은 꿈에도 몰랐다.

전역 후 일주일 만에 바로 떠났던 나와 달리 재훈이는 조금씩 준비해서 내가 호주로 떠난 지 반년이 되는 시점에 나를 찾아왔다. 내가 준비했던 모습을 똑같이 이뤄냈다는 기특함과 도전정신에 박수를 보내며 보자마자 우리는 서로를 부둥켜안았다.

남은 두 달 동안 호주에서 함께 생활하며 우리는 서로를 의지했다. 일하는 시간을 제외하고는 밥을 먹고 산책하고 운동하는 대부분의 시간을 함께했다. 그러나 곧 내가 여행을 떠나야 할 시기가 다가왔다. 우리는 서로 아쉬운 마음에 이대로 헤어질 수 없었다.

캥거루와 함께 사진을 찍고 싶었던 우리. 그렇지 못한 아쉬움에 인형이라도 같이

그때 재훈이의 한마디, "나도 여행 따라갈게."

대륙을 이동하는 곳까지는 아니지만, 다시 호주로 돌아와야 했던 재훈이는 뉴질랜드까지 나와 함께 여행하기로 한 것이다.

나의 두 번째 여행은 시작부터 든든한 지원군이 있었기에 두려움 없이 출발할 수 있었다. 호주 시드니에서 뉴질랜드 남섬, 북섬까지 함께한 우리는 아마 그동안의 이별을 준비하고 있었던 것일지도 모른다. 헤어질 날이 다가올수록 아쉬움에 가슴이 조여 왔다.

마지막 날 밤. 나는 전역할 때 맞후임을 떠나보내는 두 번째 심경으로 재훈이에게 말했다.

"재훈아. 덕분에 호주에서 힘낼 수 있었어. 이보다 더 행복한 마무리는 찾기 힘들 거야."

그렇게 나는 미국으로, 재훈이는 호주로 서로를 응원하며 각각 비행기에 올랐다.

61번째 감정

– 나에게도 사랑이 있었다(번외편)

5천 원 때문에 포기해야 했던 사랑의 아픔.
그날, 모로코 사막의 무수한 별빛은 내 슬픔을 헤아려 주기라도 하듯이
반짝반짝 빛나고 있었다.

내 여행이 사랑을 위한 여행은 절대 아니었지만, 여행하며 많은 사람을 만나다 보니 한 번쯤은 내 이상형과 어울리는 사람을 만날 수 있지 않을까 가끔 상상해 봤다. 다른 사람들의 이야기를 들어보면 여행하다가 누군가를 만나서 결혼하고 부부가 세계 일주를 하는 경우가 종종 있으며 심지어 그 나라에서 이상형을 만나 그 나라에 눌러앉는 일도 있었다. 그만큼 여행이라는 것은 새로운 사람을 만날 기회가 많기에 이상형을 만날 기회도 늘어난다고 생각한다.

하지만 나는 '많은 곳에 가 보자!'라는 욕심이 앞섰다. 사랑은커녕 사람 대 사람으로 만나 조금 친해지려고 하면 떠나가기에 바빴다. 심지어 돈이 없으니 술자리나 클럽은 꿈도 꾸지 못했다. 또 투어마저 하기 어려운 상황이었다. 내가 불가피하게 투어를 신청한 경우는 첫 번째, 투어를 신청하지 않으면 가지 못하는 경우, 두 번째, 투어를 신청했을 때 비용이 더 저렴한 경우뿐이었다.

모로코의 수도 마라케시에서 사하라 사막으로 갔을 때는 후자의 경우였다. 즉, 투어를 신청했을 때 비용이 저렴했기 때문에 2박 3일간의 투어를 신청하여 사하라 사막으로 향했다. 그때 나와 함께했던 사람은 10명이었다. 이 10명과 2박 3일 일정을 함께했는데 그중에서 유독 눈에 띄는 일본인 친구가 있었다. 우리는 서로 사진을 찍어 주며 친해지고자 많이 노력했고 세계 여행을 하며 쌓인 사진 찍기 노하우로 그 친구의 마음에 쏙 들게 사진을 찍어 주었다. 그랬더

니 그 친구는 내게 관심을 보였다. 남는 건 사진뿐인 만큼 그 친구
는 어디를 가도 나랑 꼭 붙어 다녔다. 차를 타고 이동하면서 우리는
더 많은 이야기를 나누었고 이틀 동안 꼭 붙어 있었던 만큼 우리는
금세 친해질 수 있었다. 그리고 그만큼 서로의 가슴도 뛰고 있었다.

마지막 날 밤. 사하라 사막에 도착해서 포근한 모래사막에 앉아
서 별빛이 무수히 쏟아져 내리는 듯한 배경을 바라보며 그 친구가
내게 말했다.

"여기서 다음 여행지로 이동하는 코스까지 같이 갔으면 좋겠어."

그 순간 말문이 막혔다. 애초에 그곳에 갈 계획이 아니었던 나는
웃을 수밖에 없었다. 그러나 그와 반대로 내 뇌는 수없이 고민했고
안타깝게도 제일 먼저 머릿속에 든 생각은 오로지 여행이었다.
보통 일반적인 여행자들의 경로로 보면 사막을 넘어가야 했지만,

나는 굳이 돈을 더 내면서까지 다른 도시로 넘어가야 할 이유가 없었기에 투어 버스로 다시 출발지로 돌아가는 방법을 선택했다. 다시 돌아가는 버스는 무료였기 때문이다.

나는 5천 원 때문에 사랑을 포기했고 돌아가는 길에 눈물을 머금었다.

그날, 모로코 사막의 무수한 별빛은 내 슬픔을 헤아려 주기라도 하듯이 반짝반짝 빛나고 있었다.

62번째 감정
– 마지막 숫자는 내 고향, 대구에서

항상 혼자 찍던 내 인증 사진의 마지막은 가족과 함께 찍었다.
이제야 가족의 품으로 돌아왔다는 게 실감이 났다.
살아 돌아오게 해 주셔서 감사합니다.

한국에 다시 돌아오기까지 약 1년 5개월이라는 세월이 걸렸다.
D+213. 나의 세계 일주는 그렇게 끝났다.

아, 끝이라는 말보다는 잠깐 쉬어간다는 의미로 표현하고 싶다.

살면서 어디 멀리로 한 번 나가 본 적 없는 내가 군대에서 단순히
전역 후에 뭘 해야 할까를 생각하다가 세계 여행의 꿈을 가지게 되
었다.
그리고 마냥 '여기 가야지, 저기 가야지!'라고 생각하며 전체적인
이동 경로를 짰다.

대부분의 사람이 이걸 어떻게 하느냐고 우려하며 겉으로는 응원
해 주었지만, 실은 나도 그들과 마찬가지로 두려움이 앞섰다.

돈을 어떻게 벌고? 학교는 언제 돌아가지?

그냥 용기 하나만 가지고 전역 후 일주일 만에 떠나게 된 한국.

그렇게 나는 시급이 가장 높다는 호주에 도착했다. 그런데 여행
자금으로 생각한 2,000만 원을 벌려고 하니 벌써 걱정부터 앞섰다.
집 청소, 펍 청소부터 농장, 세차장, 키친 핸드, 서빙 그리고 요리까

지. 매주 90~100시간 정도를 일하면서, 하루에 3~4시간씩만 자면서 안 해 본 일이 없을 정도로 여행 자금을 벌기 위해서 달리고 또 달렸다.

머나먼 타국에서 혼자 울어 가며, 매일매일 한국으로 돌아가는 비행기 표를 찾아보며 단지 여행에 대해 행복한 상상만 하며 꾸역꾸역 버텼다.

결론적으로 지금 와서 돌이켜 보면 호주에서 돈을 벌 때의 정신력이야말로 이 기나긴 여행에서 내가 얻은 가장 큰 자산이라고 자신 있게 말할 수 있다.
그때만 생각하면 눈물을 글썽일 정도니까.

물론 당시에는 '여행이 뭐라고 이렇게까지 해야 하나?'라고 생각했지만, 지금껏 잘해 왔기에 후회는 없다.
단지 추억만 남았을 뿐이다.

그렇게 나는 5개월 동안 2,000만 원이라는 여행 자금을 모았다.
그리고 그렇게 여행을 출발하면 모든 게 해결될 줄 알았다.

하지만 여행 또한 만만치 않은 고생의 연속이었다.
내 여행은 대부분의 사람이 하는 여행처럼 쉬고 놀기 위한 여행이 아니었기 때문이다. 그 나라, 그 도시를 돌아보며 문화를 배우고 사람들을 만나며 배우는 여행이 내 목표였기에 최대한 많은 곳에 가 보자는 욕심으로 '누구보다 빠르게'라는 타이틀을 내걸고 미친 듯이 여기저기를 다녔다.

이제 나는 자신 있게 말할 수 있다.
"나는 놀러 간 게 아니다. 여행을 통해 배우러 간 것이다."

그렇게 여행 자금의 대부분을 교통비에 투자하니 자연스레 식비, 숙박비는 나와 한참 멀어졌다. 특히 물가가 비싼 유럽에서는 교통비가 아까워서 배낭을 메고 온종일 걸어 다니는 게 일상이었고 주식은 빵이었으며 자는 곳은 대부분 역이나 공항이었다. 심지어 길거리에서 잔 적도 있다. 2만 원이 넘는 숙박비를 아끼면 맛있는 빵을 하나 더 사 먹을 수 있으니까.

잘 곳을 찾아 여기저기를 다니다가 노숙자들을 만나서 잠자리를 배정받고 간단한 이야기를 나눈 뒤에 잠든 기억도 이제는 잊을 수 없는 추억이다.

당연히 체중의 변화도 생겼다. 못 먹어서 그런지, 아니면 많이 걸어서 그런지는 몰라도 나는 여행을 시작할 때보다 15kg 정도를 감량했다.
그런 내가 힘들게 보였는지, 주위에서는 좀 쉬어 가라는 말도 무수히 했지만, 휴양이나 여유를 싫어하는 사람도 있을까? 다만 나는 한 도시라도, 한 나라라도 더 보기 위해서 여행한 것이며 그런 나의 발걸음은 쉽게 멈춰지지 않았다.

그래도 다행히 큰 사고 없이 213일이 지나서 나는 6대륙 65개국의 세계 여행을 마무리할 수 있었다.

여행을 마무리하며 대구 공항에 도착했다. 그런데 그렇게 가고 싶었던 한국인데, 가족, 친구, 지인들을 볼 생각에 설레던 마음인데, 쉽게 발걸음이 떨어지지 않았다.

이 시원섭섭한 아쉬움은 무엇일까. 말로는 다 표현할 수 없는 복잡미묘한 감정이 내 안에 남았다.

그래도 나는 이번 여행을 통해 내 나이 22~23살의 시절을 그 누구보다도 열심히 살았으며 이를 통해서 한 층 더 발전했을 것이라고 믿어 의심치 않는다.

63번째 감정

– 사실은 한국에 돌아가려고 했다

생각은 언제나 바뀔 수 있기에,

단정 짓지 말고 언제나 가능성을 열어두자.

호주에 있다 보니 생각이 많이 바뀌었다. 영어 공부에 재미가 붙어서 여행에 투자할 시간에 다시 한번 공부를 시작해 보는 것도 좋은 방법이 될 수 있겠다는 생각이 들었다. 사실은 이를 핑계라고도 생각할 수 있을 만큼 나는 많이 지쳐 있었다. 뭔가 내 목적의식이 흐릿해져 가는 시기인 만큼, '굳이 여행을 해야 하나?'라는 생각도 들었다. 즉, '영어 공부에 관심도 생겼으니 차라리 한국에 돌아가서 일찍 복학을 먼저 해 보면 어떨까?'라는 생각으로 바뀌었던 것이다.

그렇게 홧김에 한국에 돌아가겠다는 결정을 하게 되었다. 호주에서 떠날 준비를 위해 짐도 싸고, 비행기 표도 알아보았다. '호주는 다시 오면 되겠지' 하는 마음이었다.

그때, 학교 선배이자 호주 유학 생활을 먼저 경험해 본 종현이 형과 연락이 닿았다.

형은 항상 호주에 대해 많은 조언을 해 주었다. 내 정신적 지주와 같은 형님에게 지금의 내 상황을 토로했다.

"형, 저 한국 가려고요. 일단 복학해서 생각해 볼까 하는데…"

형은 내 의견을 지지해 주고 공감해 줬다. 단지 형이 해 준 말 중에서 가장 내 기억에 남은 한마디가 있다.

"형은 호주에서 향수병으로 한국이 그리웠고 이것저것 다시 시도하고 싶은 마음에 한국에 수없이 돌아오고 싶었지만, 그 순간을 버틴 게 지금 와서 보니 좋은 선택이었어. 현익이도 지금 호주에 있는 만큼 조금 더 버텨서 계획했던 것을 계속해 보는 게 어떨까?"

참. 운명의 장난인지, 그 순간 엄마에게서도 연락이 왔다.

엄마 또한 나에게 "후회하지 않을 거 같니? 이 순간에 나중에 호주에 다시 갈 생각을 하기보다는 이왕 간 거, 조금만 참고 잘해 보는 게 어떨까?"라고 말씀해 주셨다.

사실, 내가 우리 엄마한테 제일 감사하는 마음은 내가 하는 결정에 대해서 많이 터치하지 않으셨다는 점이다. 오히려 늘 나를 믿고 응원해 주셨다. 내가 한국으로 돌아간다는 말을 먼저 꺼냈을 때도 힘들어하는 모습을 보고 언제든 오라며 따뜻한 밥을 차려 준다고 격려해 주셨다.

종현이 형만 그렇게 이야기해 줬다면, 아니면 엄마만 그렇게 내게 말씀해 주셨다면 그냥 호기심에 생각 한 번 해 보고 곧바로 내렸을 결정이었지만, 참 신기하게도 두 분이 같은 시기에 말씀해 주셨기에 나는 한 번 더 생각하게 되었다.

지금 와서 생각해 보면 정말 두 분의 조언에 감사하다는 마음과 잘 결정했다는 생각이 든다. 그때 돌아왔다면 실패했다는 마음에 큰 발전 없이 그냥 복학했을 것이다. 뭐, 다른 경험이야 했겠지만, 지금 했던 경험에 빗대지 못할 정도의 경험밖에 되지 않았을 것이다. 나는 이 생각을 확신하고 믿어 의심치 않는다.

64번째 감정

− 여행을 마무리하며

여행을 다녀오면서 가장 많이 들었던 첫 번째 질문이 "어디가 가장 좋았어?"라는 질문이었다면, 두 번째는 "뭐가 가장 기억에 남았어?"였다.

나는 견문을 넓히고 많은 것을 배우고자 여행을 떠났기 때문에, 내가 얻은 가장 큰 소득은 배움이라고 대답하고 싶다.

내가 배운 것을 크게 다섯 가지로 정리하자면 다음과 같다.

① 경제 관념

내 나이 22살. 나는 소위 말하는 금수저가 아니었기에 2,000만 원이라는 돈을 내가 계획해서 내 뜻대로 쓰는 것은 쉽지 않은 기회였다. 고작 20~30만 원의 용돈을 받던 내가 2,000만 원이라는 큰돈을 여행에 쓰기 위해 모든 것을 계획하고 사용하기까지의 과정은 나에게 큰 배움을 안겨 주었다.

단돈 10원을 아끼려고 수십 군데의 마트를 돌아다니며 상품을 찾아보고, 일하는 도중에 운동화가 찢어져서 직접 바느질해서 신은 적도 있다.

그렇게 돈 한 푼이 아까운 것을 몸소 깨달았을 때, 나의 경제 관념은 이전보다 발전했다고 믿어 의심치 않는다.

② 겸손

이 거대한 세상 속에서 나라는 존재는 정말 작은 먼지 한 톨에 불과하다. 아니, 어쩌면 그 이하일 수도 있을 것이다.

여행을 하다 보니 나를 과시하고 뽐내려고 하는 이기적인 행동들이 보잘것없어 보이고 부끄럽게 느껴졌다.

나는 여행을 통해서 사소한 것 하나에도 감사하며 나를 낮추는 겸손의 자세를 연습하게 되었다. 이에 '겸손'이라는 단어를 떠올려 본다.

③ 젊음

나는 30~40대의 나이로 대기업에 다니고 대단한 업적을 이루신 분들을 많이 뵙고 동경했지만, 실은 그분들이 가장 부러워했던 것은 나의 젊음이라는 타이틀이었다. 그만큼 내가 지금은 부족할지라도 언제든 더 성장할 잠재 능력을 갖추고 있기 때문이다.

욕심이겠지만, 나는 나보다 어린 사람이 여전히 부럽다. 어떤 것을 하더라도 나보다는 하나를 더할 수 있는 그런 열정이 있기에.

나는 여행을 통해서 '나중에'가 아니라 '지금 당장'이라는 단어를 선호하게 되었으며 하루라도 어릴 때 또 다른 무언가에 도전하려는 마음을 갖게 되었다.

④ 사람

여행하며 정말 다양한 사람을 만났다. 나보다 대단한 사람부터 밑 바닥을 헤매는 사람까지. 그러나 내가 만난 사람 중에서 누구 하나 빠짐없이 모든 사람에게 배울 점이 있었다. 내가 여행지에서 보면서 배우는 것과는 다르게 사람을 만나며 직접 마음으로 느끼는 배움 도 컸다.

때로는 밀고 때로는 당기면서, 인간관계의 의미에 대해서도 다시 한번 생각해 보는 시간이 되었다.

⑤ 자신감

사실, 도전정신 하나만 믿고 떠난 세계 일주였지만, 이 여행을 해 냈을 때 내 자신감은 많이 상승했다.

누군가 내게 이렇게 말한다.

"너는 이제 두려울 게 없겠다.", "무엇을 해도 잘할 거야."

물론 나 역시 두려움은 있겠지만, 여행을 통해서 무엇을 도전해도 할 수 있을 것 같다는 자신감이 하늘을 찌를 정도로 커졌다.

그 자신감 속에서 얻을 수 있는 알 수 없는 이 아우라. 이것이야 말로 그 사람의 영향력이 아닐까.

65번째 감정
– 5년 뒤 나의 목표

여행하면서 나는 다짐하고 또 다짐했다. 여행은 떠나는 것 자체로도 좋았지만, 이번 여행은 너무 힘들었던 여행인 만큼 다음 여행은 여유롭게 즐기면서 할 것이라는 다짐이었다. 하지만 1년의 휴학으로 인해 조금 뒤처진 이 삶 속에서 장기적으로 여행할 날이 또 있을까 하는 생각이 문득 들었다.

심지어 여행을 다녀온 지 일주일이 지나서 복학하고 학교생활에 벌써 찌들었을 때쯤에는 '내가 여행을 다녀왔나?'라는 생각이 들 정도로 여행에 대한 감흥이 많이 사라진 상태였다.

장기 여행은 해 본 사람이 계속한다는 말을 자주 들었는데, 사실 처음에는 이 말에 공감하지 못했다. 해외에서 보낸 1년 반이라는 시간이 마치 꿈을 꾼 것처럼 내 머릿속을 횅하고 지나쳤기 때문이다. 그런데, 그것이 오히려 화근이 되었을까? 시간이 지날수록 여행에 대한 그리움이 커져만 갔다. 사진을 자꾸 찾아보게 되고, 그때 그 순간이 잊히지 않고 엉덩이가 근질거렸다.

'한 번 사는 인생, 하고 싶은 건 하면서 살자'

한 번이 어렵지, 두 번, 세 번은 거뜬하다는 생각과 함께 나는 어느새 제2의 여행 계획을 세웠다.

가슴이 떨리고 마치 내가 여행을 벌써 출발한 듯한 이 기분. 이것이 여행의 장점 아닐까. 여행 계획 전, 여행하는 동안, 여행에서 돌아왔을 때의 이 설렘과 두근거림은 각각 다르게 작용하여 내 가슴을 울린다.

전 세계의 나라를 세 보면 200여 개국이 조금 넘는 것으로 아는데, 반은 가 보고 죽어야 하지 않겠냐는 마음이다.

5년 뒤, 나는 지난 여행의 65개국에 35개국을 더한 100개국에 도전하려는 목표를 세운 채로 현재 한국에서의 삶에 최선을 다하는 중이다.

정말 솔직하게,

여행을 떠나기 전에 30%는 죽을 각오를 하고 떠났다. 지금 생각해 보면 정말 무모한 생각이었지만, 그때는 무엇에 그렇게 끌렸을까.

왜 죽을 각오까지 하며, 그렇게 떠났을까.

한국에서 돌아온 첫날, 드디어 집에 돌아와 내 방에 누워서 잠이든다.

매일같이 바뀌었던 나의 잠자는 곳이 한 번, 두 번 같아지면서 그 익숙함에 이제야 살아 돌아왔다는 실감이 난다.

누군가의 눈치를 봐야 했던 그런 답답한 공간이 아닌, 내 공간, 내 방이 있다는 것에 다시 한번 감사함을 느낀다. 숨 쉴 수 있는 것, 느낄 수 있는 것 등 모든 사소함에 감사하며 혼자서는 이룰 수 없었던 이 여행을 언제, 어디서든지 응원해 준 사람들을 위해 개인적으로 감사 인사드리는 시간을 가져 볼까 한다.

가장 먼저 부모님께 감사드린다.

우리 집은 정말 행복한 집이다. 부모님께서 싸우는 모습을 정말 보기 힘들 정도로 가정이 화목했고, 부모님께서는 금전적인 풍요로움보다 정신적인 풍요로움을 내게 선사해 주셨다. 내가 원하는 것을 하게 해 주셨고 나는 그 속에서 부모님의 격려를 받으며 자신감과 자립심을 키워나갔다. 언제, 어디서든 내 편이 되어 주셨고 내 의견을 믿고 존중해 주시는 아버지, 어머니셨다.

이것이 내가 두려움 없이 여행을 떠날 수 있게 된 이유이기도 하다.

여행을 통해서 '가족'에 의미에 대해 다시 한번 생각하게 되었다.
더구나 단지 가족들의 응원, 이 한마디만으로도 나에게 큰 힘이 되었다.

할아버지, 아지아, 그리운 할머니.
그리고 집에서 걸어서 갈 수 있는 거리에 게시는
외할아버지, 외할머니, 삼촌.

가까운 거리지만 자주 찾아뵙지 못해서 죄송한 마음이 많이 든다. 그래도 찾아뵐 때마다 정말 반가운 인사로 맞아 주시며 나에게 항상 먹을 것부터 용돈까지 하나라도 더 챙겨 주시면서 우리 가족들, 특히 나를 자랑스럽게 봐주시는 외할머니의 사랑은 절대로 잊을 수 없다.
또 친척, 형 누나들의 응원, 동생을 아끼는 마음도 있었다.
그래서인지 여행을 하면서 가족의 소중함을 많이 느끼게 되었다.

여행 중에 문득 엄마와 함께, 아빠와 함께 여행하는 사람들을 바라볼 때면 실례지만 부러움에 한없이 쳐다보기도 했다.

그때 다짐했다. 가족과 함께 여행을 당장 떠나고 싶은 마음도 있지만, 한국에 돌아가서는 가족과 함께하는 시간을 늘려야겠다고.

군대에서 6개월 만에 나온 첫 휴가 20일 중에서 집에서 부모님을 뵌 시간은 단 3일뿐이었다. 그만큼 내가 하고 싶은 것만 하기에 바빴고 가족에게 많이 소홀했다. 이 시간이 너무 후회되었고 그만큼 반성하는 계기가 되었다.

이 모든 일정을 거쳐 가면서 정말 수없이 많은 도움을 받았다.

감정적으로, 물질적으로 일일이 다 표현하기는 어렵겠지만 다시 한번 이 자리를 빌려서 감사 인사를 드린다.

여행을 이끌어준 준기 형, 종현이 형을 시작으로 호주에서 한국에 돌아오고 싶었을 때 함께 아파하고 고민을 나눠 준 성용이, 정욱이, 인영이 등 동네 친구들.

영어 공부를 할 때 큰 도움이 된 동하 형의 많은 조언과 효리 누나, 소연이 누나의 응원.

랭포츠 어학원에서 함께했던 훈이 형, 민성이 형 그리고 그 식구들.

그리고 함께 지낸 원균이 형, 재훈이, 룸메이트들.

힘든 삶 속에서 내가 버틸 수 있었던 유일한 돌파구였다. 심지어 어느 날은 군대 선임이었던 규완이 형이 단지 "나도 널 보면서 자극이 된다."라면서 따뜻한 밥 한 끼 사 먹으라는 말과 함께 계좌로 15만 원을 부쳐주었던 에피소드도 절대 잊을 수 없다.

그리고 여행을 하면서 도움받은 게 너무 많다.

일일이 다 표현하기는 힘들지만, 언젠가는 찾아뵙고 감사 인사를 드리고 싶다.

에피소드로 쓰진 못했지만, 진짜 평생 잊지 못할 정도로 기억에 남는 분들이다.

하와이에서 만나 공항까지 나를 픽업해 준 혼지 누나.

캐나다에서 나를 위해 모든 걸 내준 주화 형.

아프리카 탄자니아에서 우연히 같은 비행기를 타서 많은 도움을 받게 된 김성훈 형님, 최기현 해병님.

모로코에서 함께 투어했던 부모님처럼 느껴졌던 따뜻한 분들.

또, 건일이 형을 보러 싱가포르에 갔을 때 함께 지냈던 룸메이트 상윤이.

특히, 상윤이한테 받은 소중한 운동화 한 켤레는 다음 날 게스트하우스에서 누군가가 훔쳐 갔는데 여기서나마 이렇게 진실된 뒷이야기를 고백한다.

그리고 이 글을 보기 힘들겠지만 나를 위해 맛있는 것을 나눠 주고, 많은 정보를 공유해 주고, 차를 태워준 수많은 외국 친구들…
"Thank you so much!"

문득 생각이 난 건데, 여행 중에 히치하이크에 재미가 생겨서 시도 때도 없이 시도하다가 한 번은 태국 치앙마이에서 반대로 내가 오토바이를 빌리게 된 적이 있다. 시원한 바람이 좋아서 여기저기 목적지 없이 타고 다녔는데 길거리에 힘들게 걸어 다니는 사람들을 보고 내 쓸쓸한 발걸음의 뒷모습이 생각나서 "어디까지 가나?"라고 하며 오히려 내가 자처해서 히치하이크를 하게 만들어줬다.

한국으로 돌아와서 이제 여행의 마지막 마무리는 책 출간이다.

인생에 있어서 나만의 무언가를 남기고 싶어 시작한 책 쓰기라는 목표는 어느 순간부터 책 한 권 내 본다는 것에 의미를 둔다는 마음이, 이왕 내는 것 조금의 욕심을 내면서 다양한 출판사를 많이 찾아보게 되었다.

그중에서 가장 먼저 나에게 손을 내밀어 준 출판사 북랩.

책에 관해 많은 방향을 잡아 주신 본부장님부터 교정, 교열 그리고 편집까지 도움을 주신 담당자분들께 정말 감사드린다.

책을 내기 위해 방향을 잡아 주신 영진전문대학 도서관 정진한 팀장님, 최유창 선생님.

그리고 감정의 포인트의 힌트를 일깨워 준 나의 멘토 같은 황수아 누나.

내게 있어서 첫 선생님이시자, 가장 오랜 선생님이신 조분식 선생님.

소중한 휴가 시간을 내게 할애해 주시면서까지 내 원고 마무리에 있어서 큰 도움을 주셨다.

이 모든 분께 다시 한번 진심으로 감사드립니다. 이 은혜 절대 잊지 않겠습니다.